Lieferung 15 Preis 1 Mark

Gesamtpreis des Werkes gebunden 25 Mark

# DIE ZEICHENKUNST

## METHODISCHE DARSTELLUNG DES GESAMTEN ZEICHENWESENS

UNTER MITWIRKUNG
VON
A. ANDĚL, LUDWIG HANS FISCHER, M. FÜRST, O. HUPP, A. KULL, KONRAD LANGE, A. MICHOLITSCH, ADOLF MÖLLER, PAUL NAUMANN, F. REISS, A. v. SAINT-GEORGE, KARL STATSMANN, R. TRUNK, J. VONDERLINN UND HERMANN WIRTH

HERAUSGEGEBEN
VON
**KARL KIMMICH**

ZWEITE
VERBESSERTE UND VERMEHRTE AUFLAGE

MIT 1157 ABBILDUNGEN IM TEXT
UND 60 TAFELN IN FARBEN- UND LICHTDRUCK

23 LIEFERUNGEN à 1 MARK UND 2 EINBANDDECKEN à 1 MARK
KOMPLETT IN 2 ORIGINALLEINENBÄNDEN 25 MARK

LEIPZIG
G. J. GÖSCHEN'SCHE VERLAGSHANDLUNG

Einzelne Lieferungen werden nicht abgegeben
Die Abnahme von Lieferung 1 verpflichtet zum Bezug des ganzen Werkes

auch um die Herstellung nicht unnötig zu verteuern, eine möglichste Beschränkung der Farbenanzahl. (Durch Überdruck verschiedener Farben können neue Töne gewonnen werden. Tafel XXXX.)

Der Holzbildhauer hat mit der Härte und dem Wuchs des Holzes (Maserung) zu rechnen, und seine Formen werden anders ausfallen, wie die des Steinbildhauers oder wiederum des Ziseleurs.

Es sind daher bezüglich der sachgemäßen Berücksichtigung des Stoffs und der Technik einige wichtige Stilgesetze zu beachten:

1. Die Form soll den natürlichen Bedingungen des Materials nicht widersprechen. In Tuffstein auszuführende Formen können z. B. nicht so ins Zierliche gehen, wie solche, die der Goldschmied in Edelmetall ausführt.

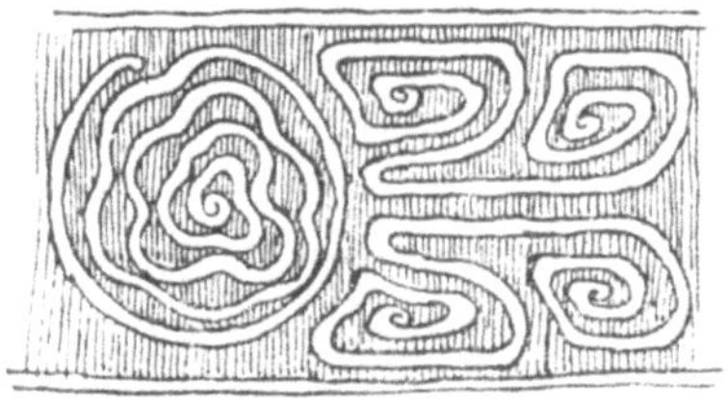

Fig. 783.

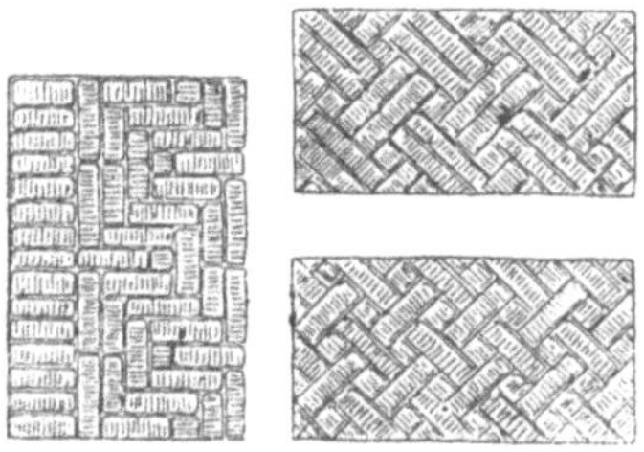

Fig. 784.

2. Die Form soll in der jedesmaligen Technik so vollendet als möglich zum Ausdruck gelangen und gleichsam natürlich aus ihr hervorgehen. Eine Schablone z. B. soll die einmal notwendigen Halter zu ihrer vorteilhaften Erscheinung benutzen.

3. Ein Stoff und eine Technik soll nicht einen andern Stoff und eine andere Technik nachzuahmen suchen, z. B. die Stickerei nicht das Gemälde. Derartige meist mühselige Experimente gehören in das Gebiet technischer Bravourleistungen.

4. Jeder Stoff und jede Technik soll natürlich und wahr bleiben. Beispiel: Der Ziegelstein soll auch in seiner kunstvollen Anwendung zu Mustern (Fig. 784) als einfaches Baumaterial zu erkennen sein. Oder: eine Schablonenarbeit soll den Charakter einer solchen offen zeigen. Ein teilweises Bearbeiten derselben durch ein Verfahren mit anderem Charakter wie Handmalerei würde ihren Stil zerstören.

Beachte auch den sachlichen Charakter der Handweberei (Fig. 785) oder der Schmiedearbeit (Fig. 786).

Ohne die hier angeführten Stilgesetze berücksichtigt zu haben, kann keine, im übrigen noch so kunstvoll ausgeführte Form den Anspruch einer annehmbaren Leistung machen.

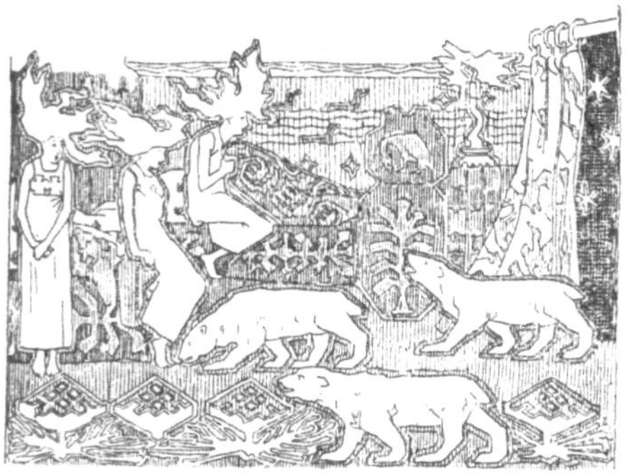

Fig. 785.

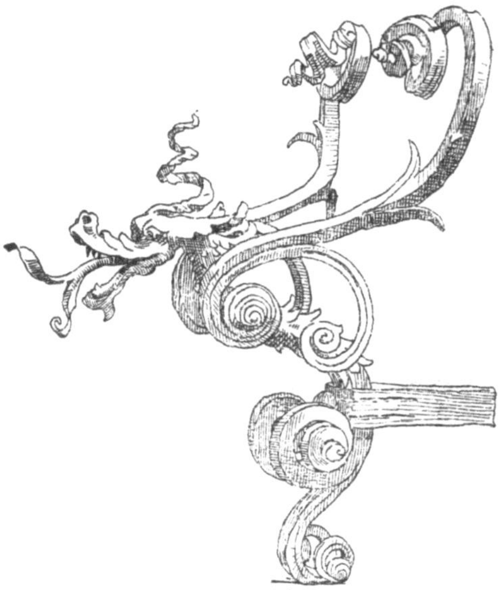

Fig. 786.

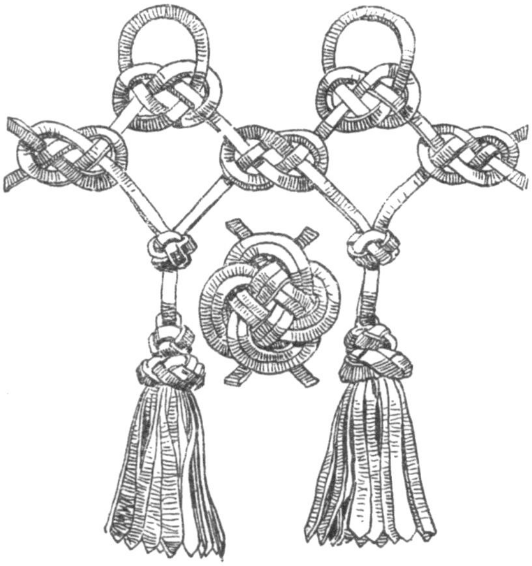

Fig. 787..

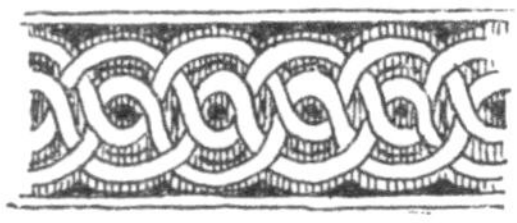

Fig. 788.

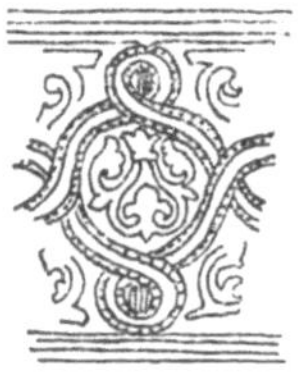

Fig. 789.

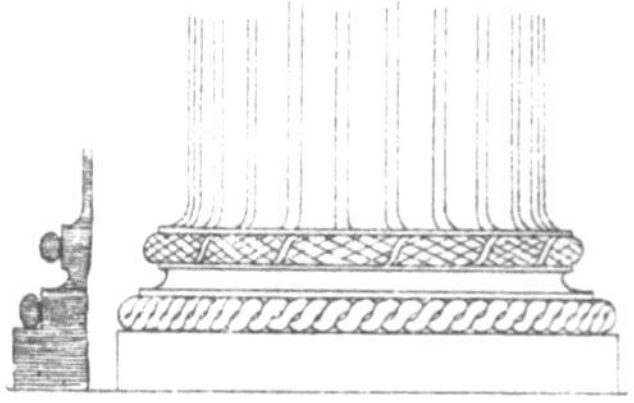

Fig. 790.

Im übrigen liegen vielfach schon im Material selbst oder in seiner einfachen technischen Bearbeitungsweise so sehr ausgesprochene dekorative Reize, daß ein weiteres Hinzutun besonderer Schmuckformen überflüssig erscheinen muß, oder doch eine möglichste Einschränkung derselben natürlich erscheint.

Beachte die natürliche Maserung und Farbe der Hölzer als dekoratives Reizmittel, den eigenartigen Glanz am Porzellan, den stofflichen Reiz an ungeglätteten Metallgegenständen, an denen die handwerkliche Behandlung, das Herausklopfen und Behämmern der Fläche noch deutlich sichtbar ist. Ebenso die rauhe und darum stofflich interessant wirkende Oberfläche von Kalk- und Tuffstein im Gegensatz zum ausdruckslosen Gips und Zement; die natürliche Narbung des Leders, die verschiedene Oberfläche mancher Textilstoffe usw.

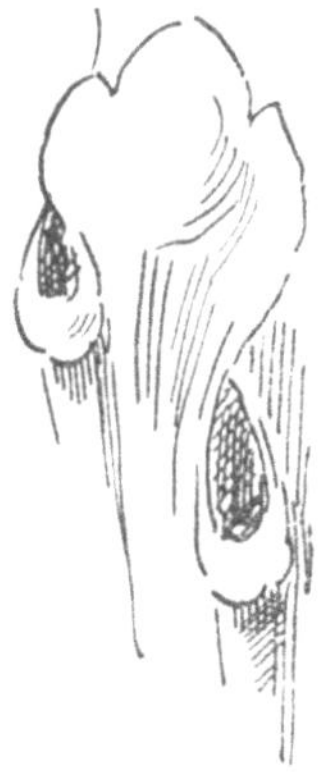

Fig. 791.

Im Gegensatz zu den Einschränkungen, die einer Form durch Material und Technik auferlegt sind, kann daher eine technische Bearbeitungsweise, z. B. aus dem Bereich der textilen Künste das Riemen und Knoten, zu einer ganzen Reihe von ornamentalen Formen und Typen führen. (Siehe Fig. 787—790.) (Semper, der Stil in den textilen Künsten.)

Auch die bekannte aufgeworfene Randform am Akanthusblatt (Fig. 791) ist entstanden aus der Technik (dem Herausquillen des Tons beim Modellieren).

## Die Form, hervorgegangen aus der Persönlichkeit (Individualität) des Künstlers.

Jeder Künstler macht seine Arbeit nach seiner Auffassung. Seine Denkart aber steht mit dem Einfluß seiner Zeit, den äußeren Verhältnissen, seiner Erziehung usw. im engsten Zusammenhange.

Je stärker als Spiegelbild der jeweiligen Zeitanschauung oder im Kampf mit dieser sein eigenes Empfinden ist, um so mehr tritt dieses auch in seinen Machwerken als seine persönliche Handschrift (Stil) hervor.

Und wie beim einzelnen Menschen, so reden wir von einem Stil der verschiedenen Völker und Jahrhunderte.

Äußere Verhältnisse, wie Lage und Klima des Landes, wirtschaftliche Zustände, hängen mit dem jeweiligen Kulturzustande eng zusammen. Das harmonische Gesamtbild aller geistigen, körperlichen und künstlerischen Eigenschaften ist aber unabhängig von dem allgemeinen Fortschreiten der Zivilisation. Beweis dafür ist der hohe künstlerische Kulturzustand von oft ganz unzivilisierten Völkern im Vergleich mit der kunstarmen und kunstfeindlichen Periode des technisch hoch entwickelten 19. Jahrhunderts. (Bauernkunst — Stadtkultur.)

Ein Kunstwerk kann eigentlich nur im Original und in der richtigen Umgebung, für die es geschaffen war, persönlich zu uns reden. Deshalb ist auch ein Studium an Ort und Stelle erst im eigentlichen Sinne nutzbringend und besser als die beste Kunstgeschichte oder Museumssammlung. Seine Wirkung ist unmittelbar und meist überraschend anders wie die beste Reproduktion.

## Ägypten.

Der ägyptische Geist entwickelte sich unter dem Einfluß seiner natürlichen und sozialen Verhältnisse frühe zu strenger Ordnung und Gesetzmäßigkeit, zur Pflege gewisser Zweige der Wissenschaften (Mathe-

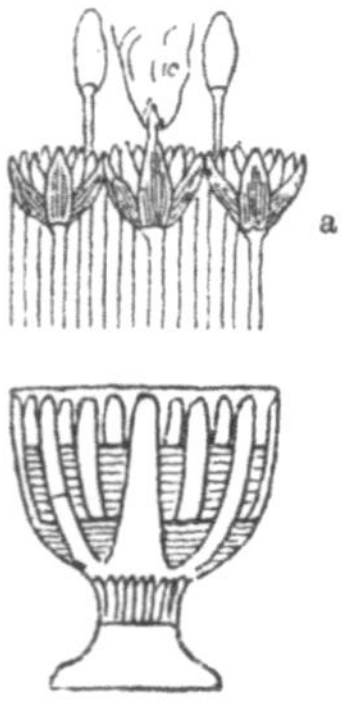

Fig. 792.

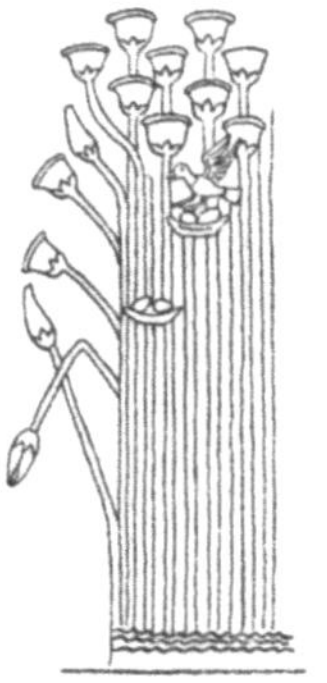
Fig. 793.

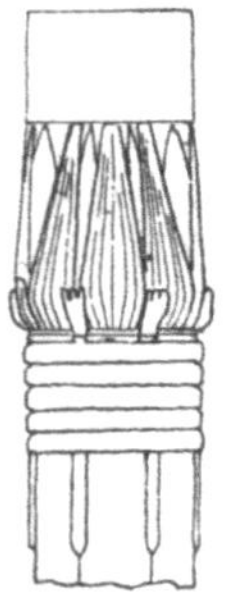
Fig. 794.

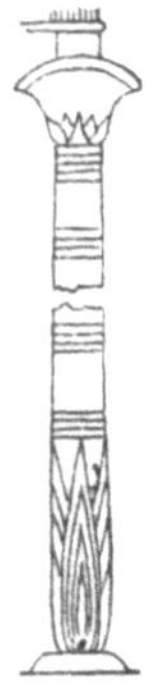
Fig. 795.

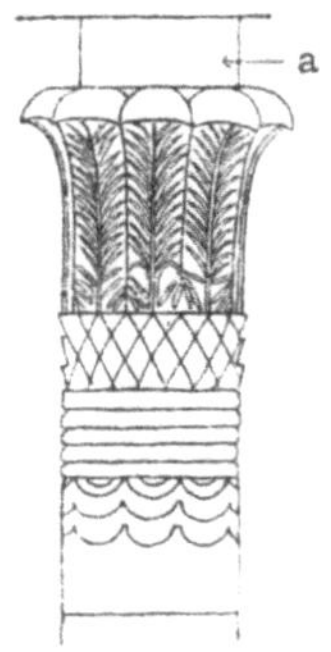

Fig. 796.

matik, Astronomie), zu einer eigenartigen, düstern Naturreligion und einer starren Kunstübung.

Wo es gilt, Geistiges auszudrücken, greift man zu konventionell-symbolischen, rein äußerlichen Mitteln (die kolossale Größe ihrer Königsgestalten usw.).

In der naturgetreuen Wiedergabe des Pflanzen- und Tierreichs jedoch zeigen die Ägypter eine lebensfrische Auffassung, und diese Formen, naturalistisch naiv aufgefaßt (Fig. 792, 793), genügen ihnen, um symbolisch ihre höheren Ideen auszudrücken.

Die ägyptische Pflanzensäule (Fig. 794, 795, 796) ist mit ihren natürlichen Lotus-, Papyrus- oder Palmenkapitellen nicht, wie bei den Hellenen, als struktiv-tragendes Element dargestellt (die zarte Lotusknospe konnte unmöglich als Vorbild der stützenden, tragenden Kraft dienen), sondern diente als das Symbol des aus der Erde aufwachsenden Pflanzenreichs, über dem der Himmel schwebend getragen wurde. (Der das Dach aufnehmende Abakus Fig. 796a.)

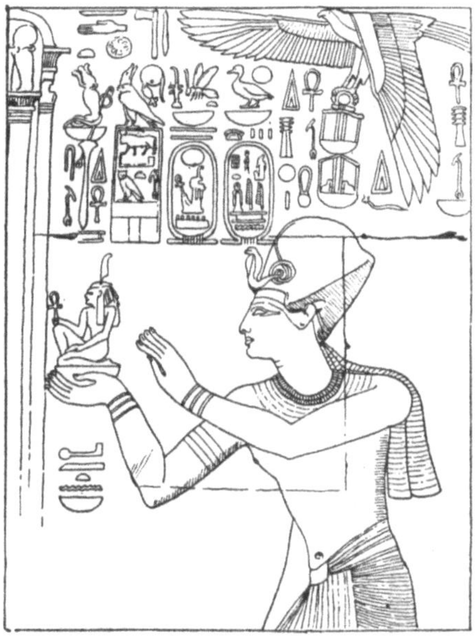

Fig. 797.

Die Mauerflächen und Säulenmäntel erhielten das Aussehen gestickter Teppiche und riefen dadurch einen dekorativ wirksamen und geheimnisvollen Eindruck hervor (Fig. 797).

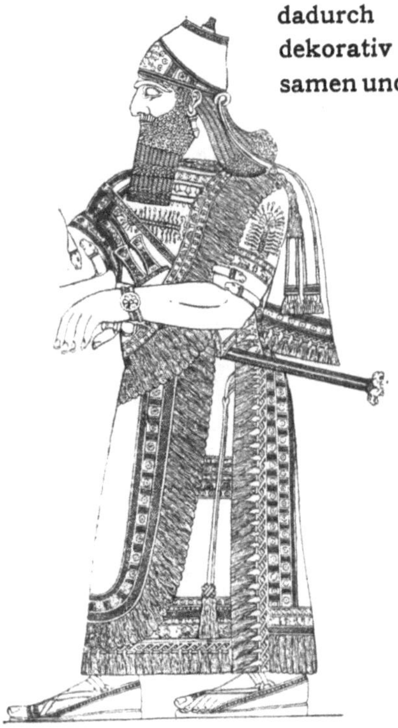

Fig. 798.

Ähnlich wie die Kunst der Ägypter bewegt sich die ganze asiatisch-orientalische Kunst in mystisch-dekorativ-symbolischen Formen (siehe Fig. 798, assyrischer Kleiderbesatz).

## Griechenland.

Als erster gewaltiger und durchaus selbständiger Stil des Abendlandes entwickelt sich die Kunst der griechischen Völker.

Was die Griechen vor allen Völkern auszeichnete, war ihre hohe, auf das Edle und Erhabene gerichtete Kultur. Aus ihrer mit künstlerischem Geist erfüllten, dem öffentlichen Leben und der Götterverehrung zugewendeten Verfassung erklärt sich die besondere Pflege einer edlen, in ab-

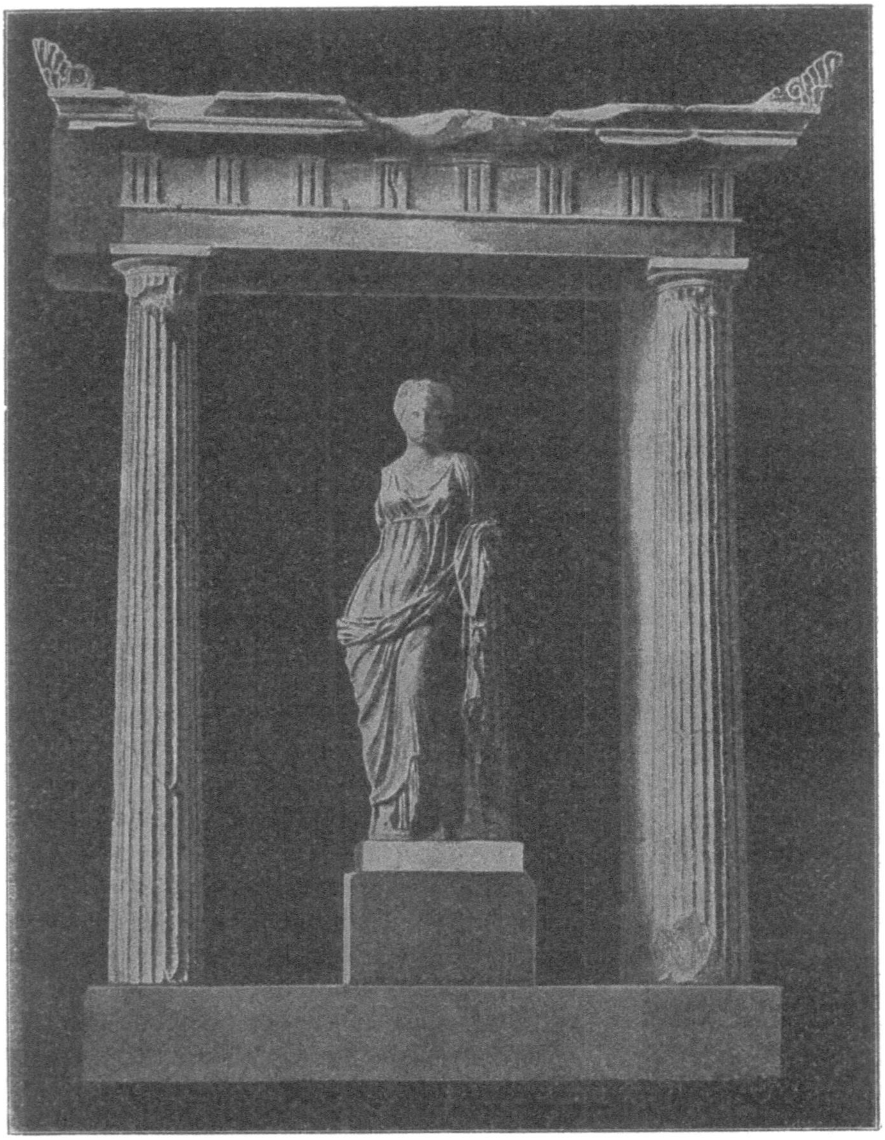

Fig. 799.

strakten Formen sich bewegenden Architektur und die Durchbildung des formal Schönen zur höchsten Harmonie (Fig. 799).

Jedes Material, das sie zu Architektur- und Gerätformen, zur Kleidung usw. benutzten, ist mit erstaunlicher Feinfühligkeit und Kenntnis der Eigenschaften des Stoffes zur höchsten Kunstform vollendet worden.

So ist die scharf geschnittene Form ihrer Akanthusblätter (Fig. 800) auf die Fernwirkung berechnet, ebenso die im Bogen etwas nach oben gerichtete Basislinie der Giebelfelder (aus der Ferne gesehen, würde eine genaue wagerechte Basis ihrer Länge wegen den Eindruck eines nach unten durchgedrückten Bogens machen). Von dem-

Fig. 800.

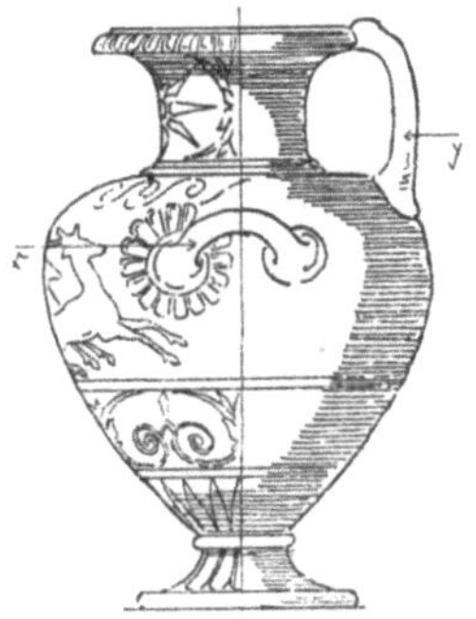


Fig. 801.

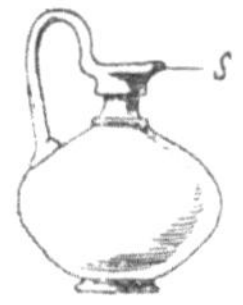

Fig. 802.

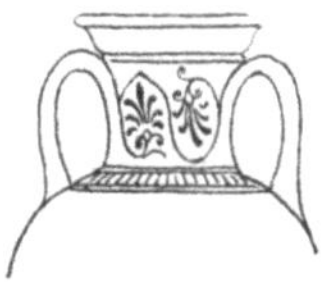

Fig. 804.

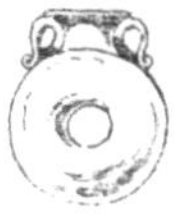

Fig. 803.

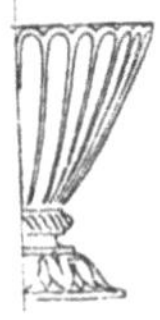

Fig. 805a.

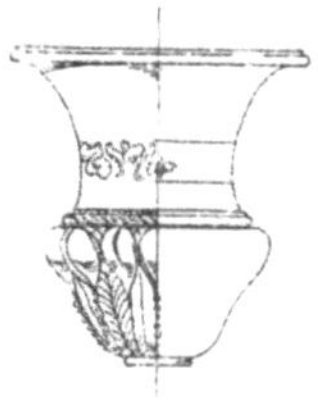

Fig. 805b.

selben Feingefühl zeugen die struktive Lösung der tragenden Säule, die anmutigen und mannigfaltigen Formen ihrer Gefäße.

Diese wurden freihändig von dem einfachen Handwerker hergestellt und zeigten ihrer praktischen Bestimmung nach immer die entsprechenden Formen.

Figur 801, ein Wasserkrug, zeigt zwei Seitenhenkel x zum Heben des gefüllten Kruges; der Henkel y diente zum Tragen des leeren Gefäßes. Der Gefäßbauch zeigt die größte Breite in der oberen Partie, um ein aufrechtes Tragen zu erleichtern. Bei Figur 802 diente die Schnauzenform zum leichteren Ausgießen; Figur 803 (Feldflasche) zeigt zwei Henkel zum Befestigen des Riemens.

Die Ornamentation der Gefäße war graziös und niemals begriffswidrig angewendet, entsprechend der struktiven Bestimmung der einzelnen Teile (Fig. 804, 805a, 805b).

In der Architektur wurde durch die künstlerische Form jeder unnötige Hinweis auf die Schwere und Trägheit der Steinmassen vermieden, die Form veredelt den Stoff und das nackte Bedürfnis in höchster Vollendung.

Und wie die Griechen durch ihr klares, ausgeprägtes Wesen sich von andern Völkern unterschieden, so zeigen auch die Kunstwerke ihrer beiden grundverschiedenen Völkerstämme: der Dorer (Sparta) und Ionier (Athen) den persönlichen Stammescharakter.

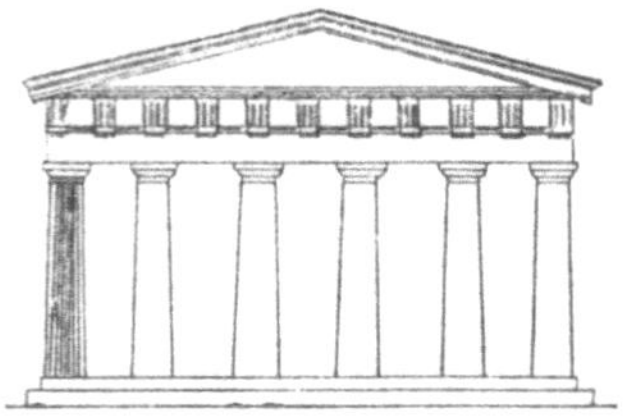

Fig. 806.

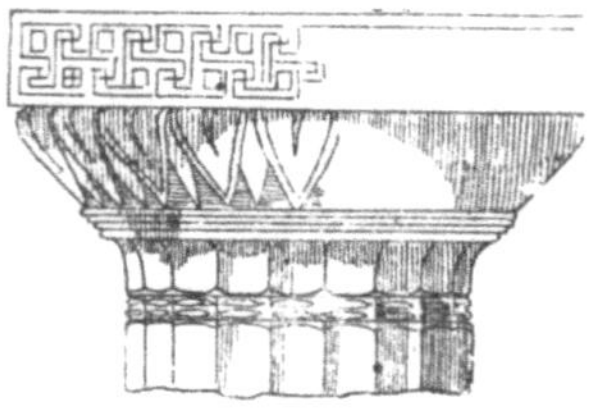

Fig. 807.

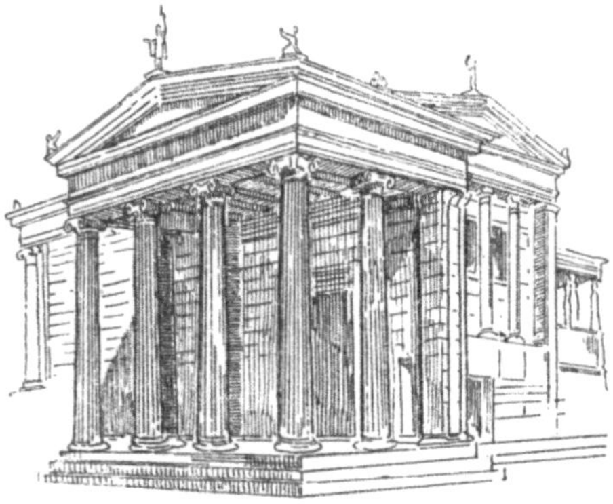

Fig. 808.

Die Tempelbauten der Dorer charakterisiert die strenge Gebundenheit, die gedrungene Kürze ihres Wesens. Die dichtgedrängte Stellung ihrer Säulen ist hauptsächlich durch das dazu verwendete Material (poröser Tuffkalk) bedingt, der wenig Festigkeit zeigte.

Die strenge Gebundenheit der einzelnen Bauglieder durch struktive Bindeformen läßt die ganze Architektur wie unlösbare und massive, wuchtig-ernste Kunstwerke erscheinen (Fig. 806, 807). — Ihre für den Tempelbau geschaffenen und ihrem Wesen entsprechenden starren Formen lassen keinerlei Veränderungen zu.

Die Anwendung des festeren und edleren Materials (Marmor) gestattete den von Natur lebhafteren Ioniern anmutigere Proportionen ihrer Bauwerke (Fig. 808) und eine größere Vollendung ihrer plastischen Formen. — Während die Dorer die zierlicheren Kunstformen des Materials wegen meistens durch Malerei andeuten mußten (Fig. 737, 807), führten die Athener die Plastik zur höchsten Vollendung.

An der Säulenbildung ist der Gegensatz zwischen dem dorischen und ionischen Wesen am schärfsten ausgeprägt (Fig. 806, 808). Dort das starre Abstützen gegen die drückende Masse, hier der Ausdruck des elastischen Tragens, besonders ausgeprägt in dem eingerollten Volutenkapitell (Fig. 809). Nicht so abgeschlossen und konservativ wie die Dorer nahmen die Athener dort, wo sie ernste Würde zum Ausdruck bringen wollten, die dorische Bauweise zu Hilfe (Fig. 799).

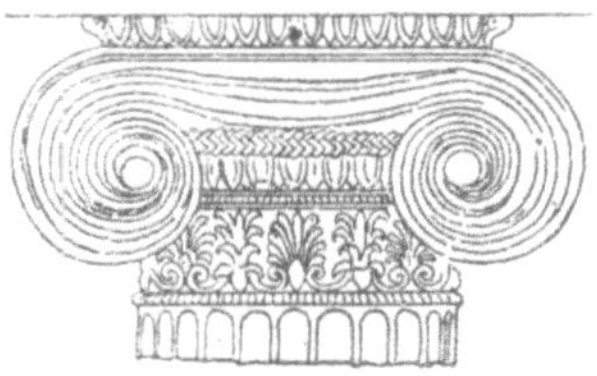

Fig. 809.

Fig. 810.

Die Korinther, eine durch schwunghaften Handel zu kolossalen Reichtümern gelangte Bürgerschaft, betonen das Prächtige in ihrer Bauweise (vgl. Kapitell Fig. 810), sowohl an öffentlichen als an privaten Werken. Ihre Kunstwerke, von den Römern geplündert, veranschaulichen den Übergang zur römischen Kunst.

## Rom.

Die Römer, an die Kunst der Griechen sich anlehnend, haben in dem Bedürfnis, ihre Weltherrschaft zu verherrlichen, am meisten Selbständiges in der Profan-Architektur geschaffen.

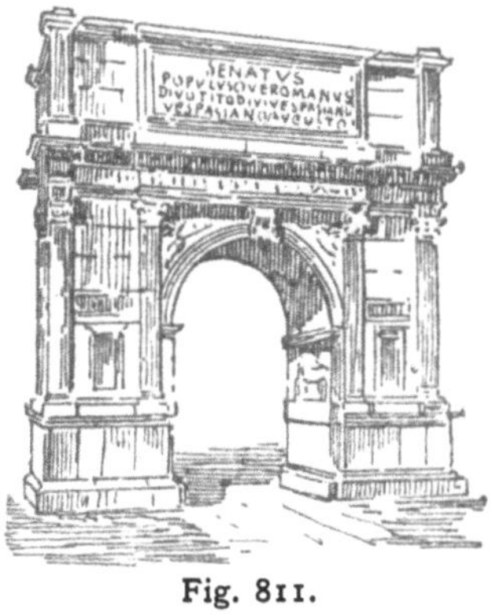

Fig. 811.

Während die horizontale Balkendecke der griechischen Steinbauten nur wenige Veränderungen zuließ, gestattete die von den Römern eingeführte Bogenarchitektur (Tonnen- und Kreuzgewölbe, Kuppel) eine bedeutende Erweiterung (mehrstöckige Bauten, Rundbauten). Um den Druck der Gewölbe aufzunehmen, waren kräftige, massive Mauermassen erforderlich. Diesen wurden der dekorativen Wirkung wegen die griechischen Säulen als Blendwerk vorgesetzt mit besonderer Vorliebe für die prunkvollere Form der korinthischen Säule (Fig. 811). Mitunter wurden alle drei Säulenordnungen an demselben Gebäude angewendet, und zwar die dorische Säule für das Erdgeschoß, die ionische für das erste, die korinthische für das zweite Stockwerk (Kolosseum).

Außerdem, da die Länge der griechischen Säulen für die Höhe der römischen Bauwerke nicht immer ausreichte, wurden Postamente oder ein Halbgeschoß (Attika) mit Pilastern angeordnet.

Durch eine solche Architektur, durch Anwendung von Nischen und Blendwerk, reichen, stark vorspringenden Kranzgesimsen, Pilastern usw. wurde eine überaus lebendige, auf Prunk und Effekt berechnete Wirkung erzielt (Fig. 811).

Die Anwendung edlen und prachtvollen Materials gestattete eine immer größere Geschicklichkeit des Meißels; die Prachtdekoration verbreitete sich über alle Gebäude des öffentlichen und privaten Verkehrs (Thermen, Triumphbogen, Anwendung von Festons und fliegenden Bändern). Für die Privatarchitektur und ihre innere Ausschmückung liefert Pompeji fast die einzigen, am besten erhaltenen Beispiele.

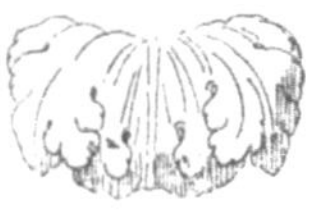
Fig. 812a.

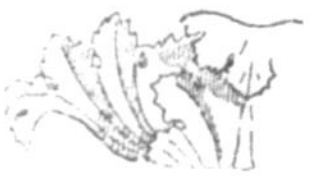
Fig. 812b.

Die Plastik und Malerei wurde zumeist von griechischen Künstlern ausgeführt, denen die Heimat keine Beschäftigung mehr bieten konnte, und die nun bei den römischen Kunstmäzenen eine Zuflucht fanden. Diese Nachblüte der hellenischen Kunst ließ natürlich wenig selbständiges Schaffen zu.

Dagegen führte der Kultus mit der Persönlichkeit (die Verherrlichung der Kaiser) zu Porträt- und historischen Darstellungen im Gegensatz zu der griechischen Idealkunst, die, weil der einzelne Mensch im Staate aufging, nur den idealschönen, nicht den charakteristischen Menschen darstellte.

Die Kleinkünste zeigen dasselbe Charakterbild wie die Architektur: die Anwendung kostbarer Stoffe, üppige, plastische Ornamentformen, die weichere, üppigere Form des römischen Akanthus (Fig. 812a) im Vergleich zu dem griechischen (Fig. 812b), eine Hochflut von Luxus- und Schaugeräten usw. Die römische Kunst ist im allgemeinen das Nachbild der griechischen Kunst, nur derber und oft mit Schmuck fast überladen (das Trinkhorn Fig. 755, einem römischen Rhyton nachgebildet).

So zeigt sich die Kunst der Griechen und Römer als ganz bestimmte Äußerung ihres persönlichen Charakters: die besondere Pflege des formal Schönen, die alles intim Wesentliche überdeckt durch das Streben nach harmonischer Vollendung (Fig. 813).

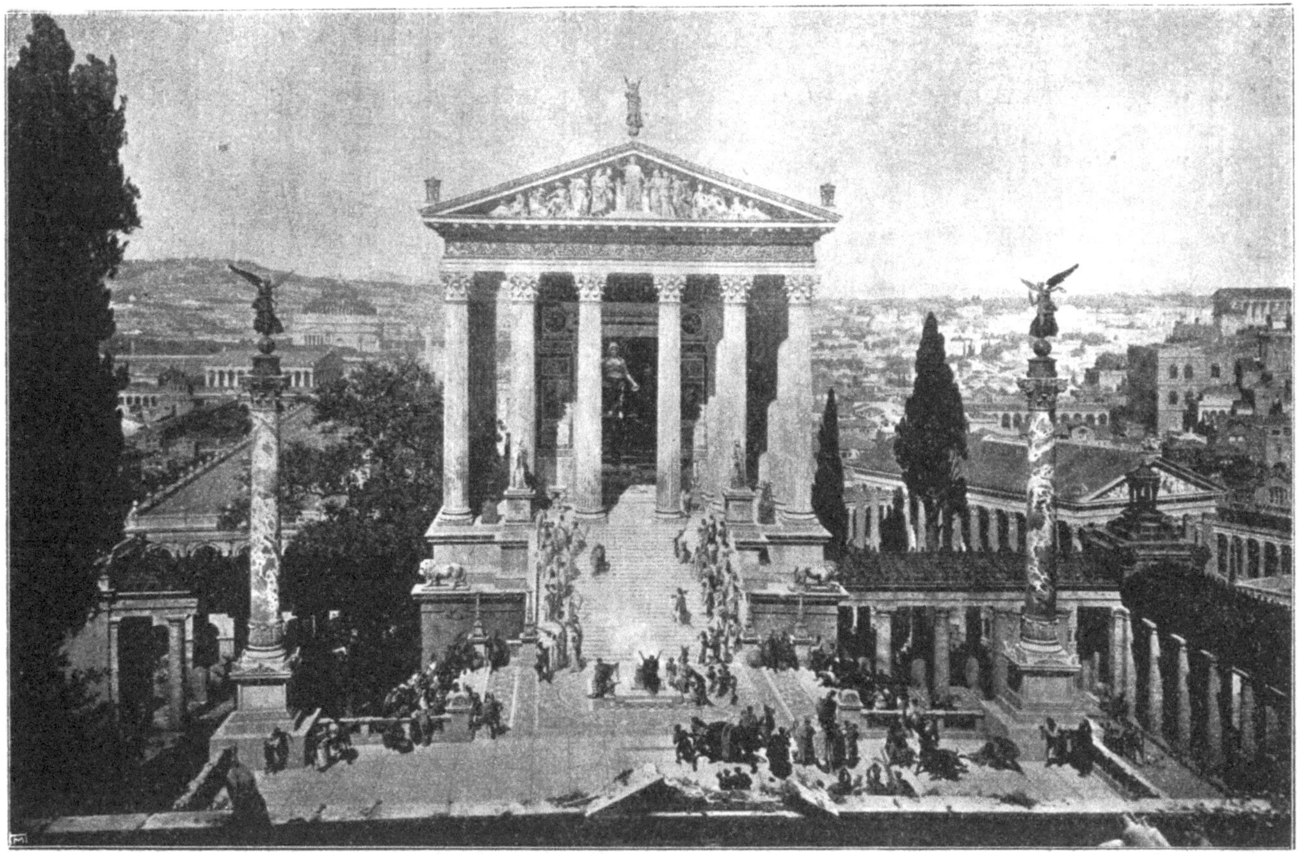

Fig. 813. Tempel der Juno Moneta.
(Verlag von Franz Hanfstaengl in München.)

## Die altchristliche, byzantinische und nordische Kunst.

Noch während der Glanzperiode der römischen Zeit keimt eine neue, der antiken völlig entgegengesetzte Weltanschauung: der christliche Glaube. Ganz anders wie der festliche, farbenfreudige Glanz der antiken Tempelbauten tragen die christlichen „Katakomben" in ihrer Schmucklosigkeit einen strengen, ernsten und düsteren Charakter.

Fig. 814.

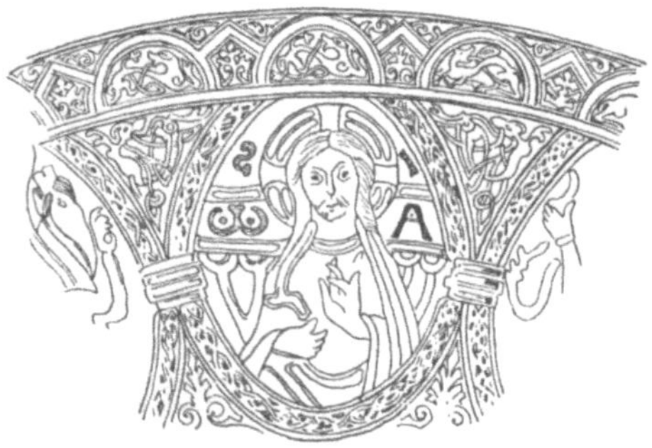

Fig. 815.

Mit der staatlichen Anerkennung der neuen Lehre konnte auch ein würdiger Raum für die Gottesverehrung geschaffen werden. Willkürlich und ohne viel Verständnis für ihre Formenwelt verwendet man die Antike in Material und Formen, und aus bunt zusammengetragenen antiken Bauresten entsteht die christliche Basilika.

Noch weniger findet die Plastik („die antike Götzendienerin") dieser Zeit neue Formen; wo sie als ornamentaler Schmuck angewendet wird, da verflacht sie, indem man hauptsächlich die korrekte Zierlichkeit griechischer Muster nachahmt, zu einem gering profilierten Flächenornament (die gesägten Blattformen am Kapitell Fig. 814). Um so mehr konnten die neuen Ideen in der Malerei zur Geltung kommen.

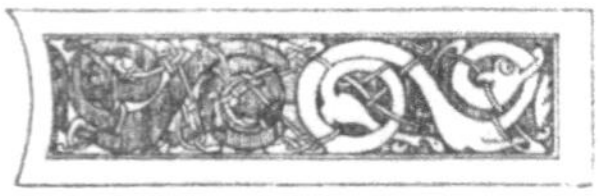

Fig. 816.

Und allmählich, mit dem Eindringen der hoch entwickelten byzantinischen und orientalischen Kunst, deren Hauptzug Prunkliebe und pomphaftes Zeremoniell war, entwickeln die Kirchen und Paläste in malerisch-dekorativem Stil einen großen Reichtum. Ihre Wandflächen werden mit Goldmosaiken überzogen und, Teppichen gleich, mit bildlichen Darstellungen durchwirkt. Mit symbolischen Zeichen beginnend, entwickelte sich die bildliche Darstellung zu einer bedeutungsvollen, konventionellen Bildersprache. Das *Mosaik* war ganz geeignet, die Gestalten des Herrn und der Heiligen in mächtig-einfachen Grundzügen als kraftvoll ausgeprägte Typen zur Erscheinung zu bringen (Fig. 779).

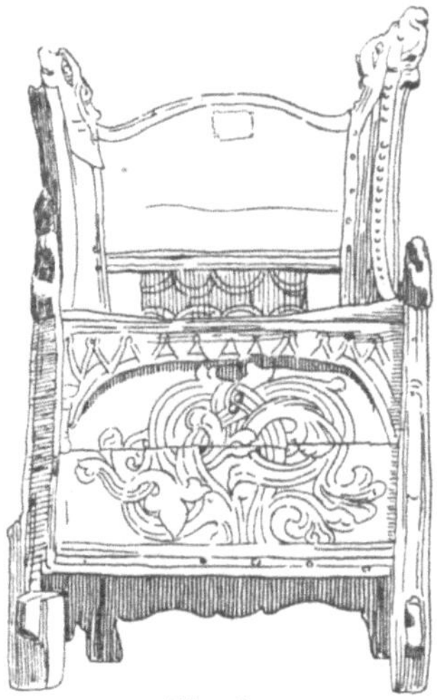

Fig. 817.

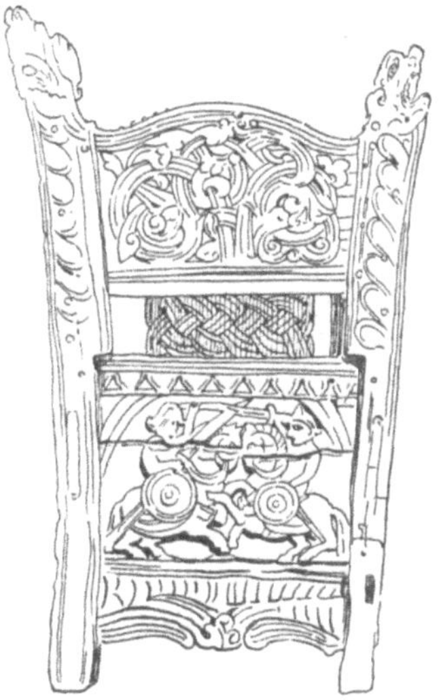

Fig. 818.

So bildet sich nach und nach unter den strengen Gesetzen der Kirche ein Kanon fest ausgebildeter Formen und Gestalten, und selbst die *menschliche Figur* muß sich diesen Gesetzen und dem Streben nach Ernst und Würde unterordnen (die übernatürlich langen Figuren mit dem würdevoll gemessenen Ausdruck und den bunten, reich verzierten Kostümen). Allmählich aber erstarrte die christlich-byzantinische Kunst in Äußerlichkeiten; auch die *Kleinkunst* (Goldschmiede-, Elfenbeinkunst, Filigranarbeiten) ordnete das Künstlerische vielfach dem kostbaren Material unter.

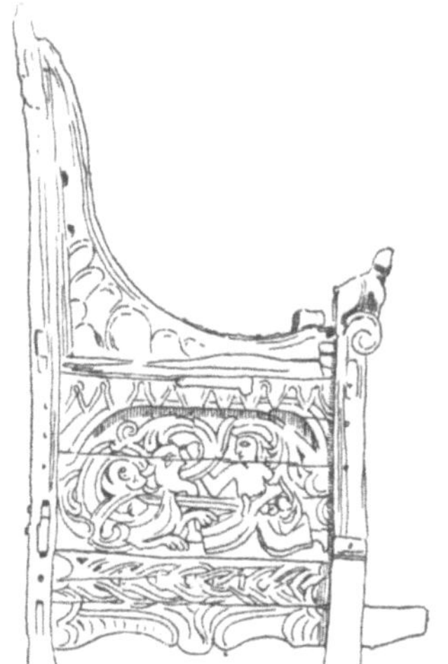

Fig. 819.

Gegen die Zeit Karls des Großen vermischte sich ein neues Element, das *nordisch-germanische*, als scharfer Gegensatz, mit der antiken Richtung der byzantinischen Kunst und verlieh den Formen nach und nach ein eigenartiges Gepräge (Fig. 815, vgl. die irischen Miniaturen Fig. 816).

Die Sagen der germanischen Heidenvölker, ihre uralte Technik des Flechtens von Bändern und Riemen, die persönliche Stimmung und Laune des Nordländers schaffen einen neuen dekorativen Stil, kraftvoller als der hellenische, wärmer in seinen Holzbauten als der kalte Steinstil der italischen Völker (Fig. 817, 818, 819).

## Der romanische Stil.

Was in diesem Zeitraum der schroffen Gegensätze (Rittertum, Klöster) allen Völkern ein gemeinschaftliches Ziel setzt, ist die Kirche. Mit ihrem Wachsen sind größere Räume erforderlich. Die Architektur übernimmt die Führung in den Künsten und fordert von diesen gleich der Kirche völlige Unterordnung. Charakteristisch für den Widerspruchsgeist der romanischen Zeit wird die freie Kombination und außerordentliche Mannigfaltigkeit in der Bildung der Einzelformen.

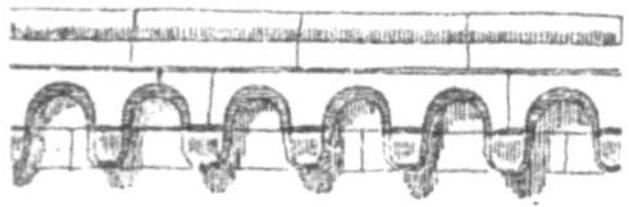

Fig. 820.

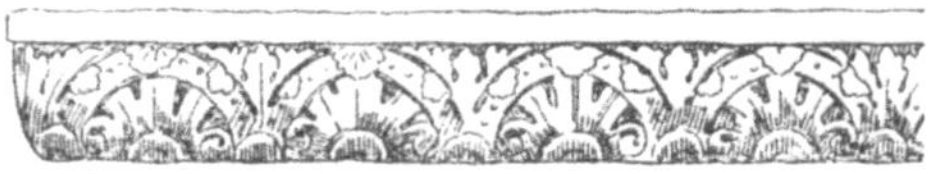

Fig. 821.

Das antike Formenverhältnis ist verblaßt; für die Säule existieren keine bestimmten Maßverhältnisse mehr; derbe und gedrungene, elegante und schlanke Säulen kommen häufig nebeneinander zur Anwendung. Besonders die verschiedenartige Kapitellbildung (Würfel- und Kelchkapitell) läßt in ihrer ornamentalen Ausbildung die Lust an freierem Formenspiel erkennen.

Die ruhig ernste Fassade der romanischen Kirche zeigt als charakteristisches Merkmal den Rundbogenfries (Fig. 820); die Rundbogenlinie wiederholt sich im Ornament als Grundlinie, als Blattschnitt usw. (Fig. 821).

Über alle Glieder der Kirchen- und Schloßbauten (Wartburg) ergießt sich in kräftiger Plastik eine Fülle freier Ornamentik. Diese, meist der Pflanzenwelt entlehnt, zeigt nie bestimmte Naturformen, sondern in abgegrenzten Rahmen abstrakte Formen, daneben lineare Ornamente, Verschlingungen von Menschen- und Tierleibern, teils symbolischer Art, teils Gebilde der nordischen Phantasie (Fig. 818).

Die Zeit der Kreuzzüge brachte orientalische Bauweise und Kultur als neues Element in die mittelalterliche Formenwelt (Spitz-, Kleeblatt-

und Hufeisenbogen, Fig. 822); immer mehr zeigt sich das Streben nach schlankeren Verhältnissen, nach reicherer Gliederung. Schlanke Säulen werden in verschwenderischer Weise angewendet als Stützen der Bogen (Fig. 822); in dem Nebeneinanderordnen von Fenstern verschiedener Größe und Form zeigt sich das Streben nach lebendiger Gruppierung, leichter Wirkung, nach möglichster Durchbrechung der Mauerflächen usw. Die höchste dekorative Wirkung und Pracht entwickelt sich in der Bildung des „Hauptportals" (Fig. 822).

Die gesamte Kunst dieses Zeitalters war Architektur. Bildnerei, Malerei und die Kleinkünste ordnen sich ihr als Teile oder als Schmuck willig unter. Ein straffer dekorativer Zug läßt die malerischen Darstellungen an den großen

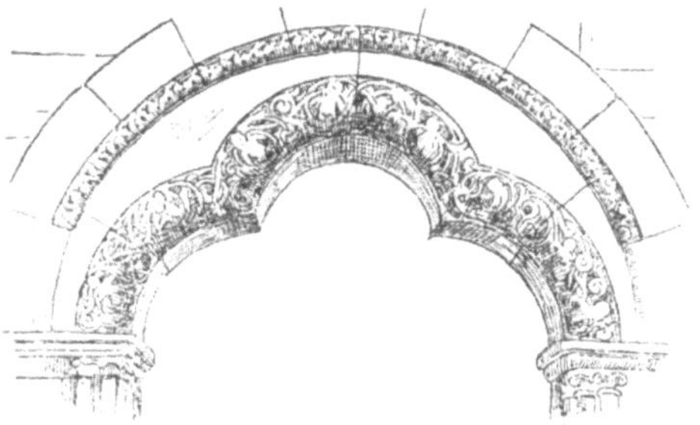

Fig. 822.

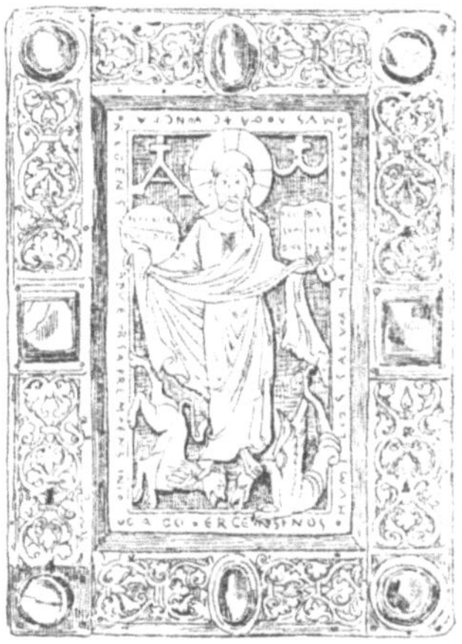

Fig. 823.

Gewölbe- und Wandflächen der Kirche im wahren Sinne „monumental" erscheinen.

Hauptsächlich waren es biblisch-symbolische Darstellungen mit Bezug auf Sündenfall und Erlösung (die Anwendung antiker Fabelwesen als Sinnbilder der Versuchung und des Lasters), vermischt mit Darstellungen aus dem nordischen Tierepos und der germanischen Heldensage (Fig. 823).

Im allgemeinen zeigt die Kunst des frühen Mittelalters die schroffen Gegensätze: den restlichen antiken Einfluß in Verbindung mit sauberer Technik und langweiligem Inhalt und das starke Hervortreten eines eigenen germanischen Stils mit naiverer Technik und einer naturfrischen Auffassung (Fig. 817, 818, 819).

## Der gotische Stil.

In der weiteren Entwicklung gewinnt das germanische Element die Oberhand und reift zu dem, von der Antike völlig verschiedenen, gotischen Stil, dem zweiten und neben der griechischen Antike größten Originalstil des Abendlandes.

In der Architektur als der Führerin der gesamten Künste wird der Spitzbogen zum Grundgesetz der Konstruktion. Durch diesen ward

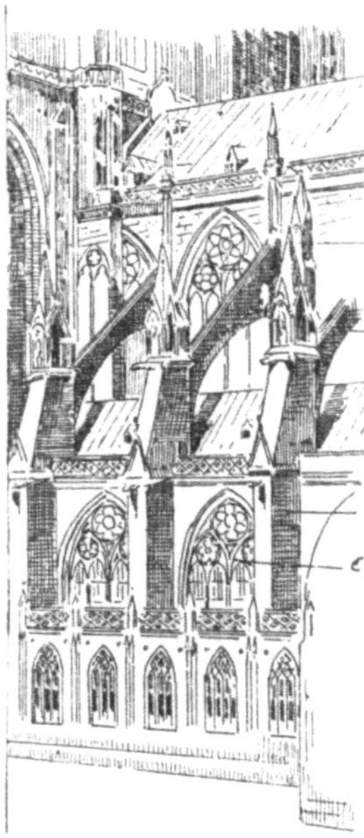


Fig. 824.

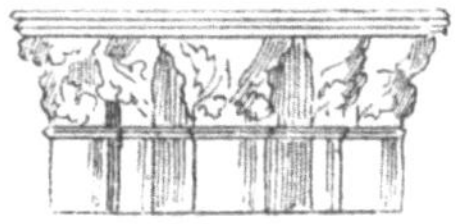

Fig. 825a.

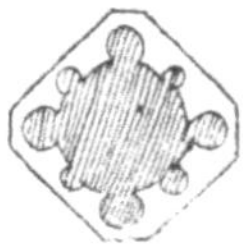

Fig. 825b.

Fig. 826.

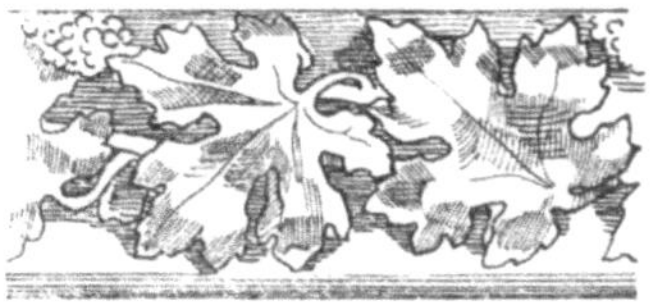

Fig. 827.

es möglich, Bogen von verschiedener Spannweite zu gleicher Scheitelhöhe zu führen; der Druck der Gewölbe wurde dadurch nach der Seite hin vermindert. Nicht mehr bedurfte es daher kolossaler Außenmauern, sondern nur genügend starker Pfeiler, sogenannter Strebepfeiler (Fig. 824a), die nun, durch Vermittelung der Strebebogen (Fig. 824b) auch vom Mittelschiff den Druck ablenkend, die ganze Last auf sich nahmen. Durch ein solches System wurden die Mauern als tragendes Element überflüssig gemacht. Hohe, prächtige Glasfenster nehmen zwischen je zwei Pfeilern die ganze Mauerbreite ein, und ein vielfarbiges Licht flutet in das Gotteshaus.

Die Pfeiler zwischen Mittelschiff und Seitenschiffen werden durch die sogenannten Dienste (mit besonders ornamentierten Kapitellen) verstärkt und reicher gestaltet, der Pfeilerkern häufig noch gekehlt (Bündelpfeiler, Fig. 825, 826).

Durch die leichtere Bauart ist eine freiere Ornamentik möglich. Das Ornament selbst sucht seine Motive in der heimischen Flora (Eiche, Distel, Wein, Rose, Efeu, Ahorn usw., Fig. 827); leicht und zierlich rankt und spinnt es an den Formen empor (Fig. 826).

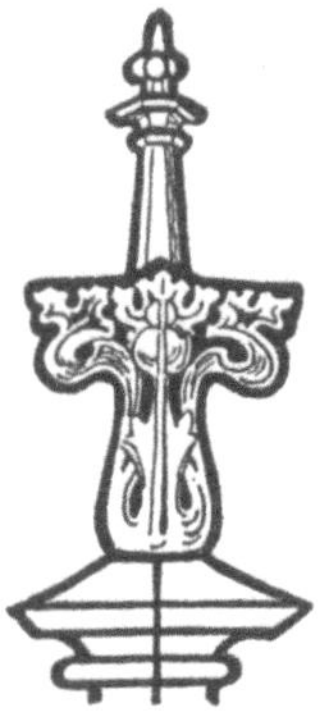

Fig. 829.

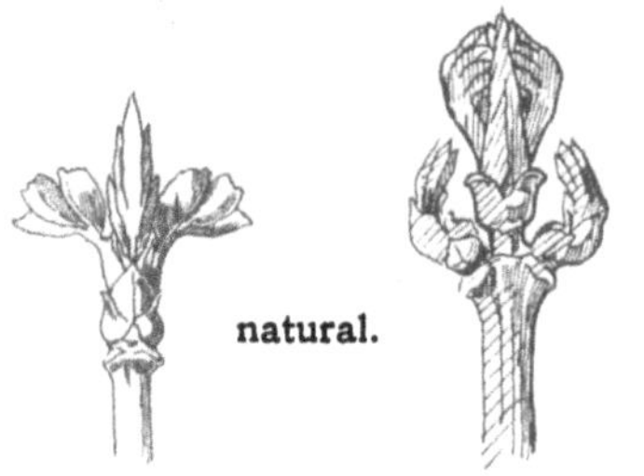


Fig. 831.

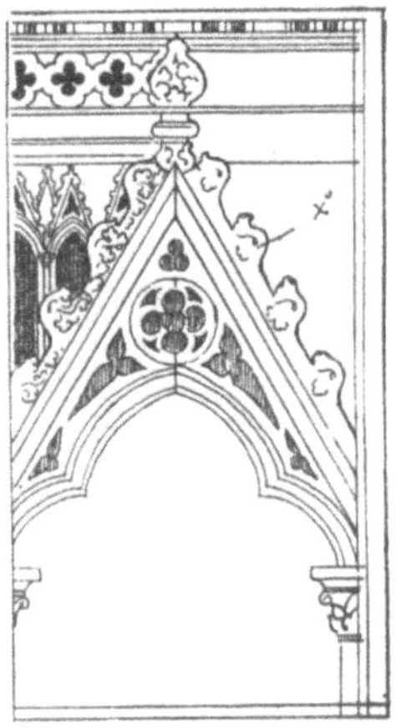

Fig. 828.

Fig. 830.

Fig. 832.

Die Gurten und Rippen der Gewölbebogen erhalten vielfache Gliederung (birn- und herzförmige Profile). Die Gliederung der Fenster geschieht durch steinerne Pfosten in senkrechter Richtung, sie schließen oben in Spitzbogenform ab, umrahmt vom großen Fensterbogen. Der dadurch gebildete freie Raum wird mit geometrischen Formen, dem Maßwerk (Drei- und Vierpässen), ausgefüllt (Fig. 824c und 828).

Außen ragen am gotischen Dom die Strebepfeiler mit ihren schlanken Türmchen (Fialen, Fig. 824d) pyramidenartig empor und endigen in Kreuzblumen (Fig. 829, 830, 831). — Die obere Kante des Strebebogens ist gewöhnlich durch die zierlichen „Krabben“ oder „Knollen“ (stilisiertes Weinblatt, Fig. 828 x) reich belebt. — Auch die Fenster werden häufig noch durch einen vorspringenden Giebel, die „Wimperge“, gekrönt (Fig. 828).

Durch eine solche Gliederung, in Blumen auswachsend, an allen Teilen filigranartig übersponnen, mit seinen farbigen Glasfenstern zeigt der gotische Dom in seinem struktiv-gewaltigen Aufbau die größte Selbständigkeit künstlerischen Schaffens.

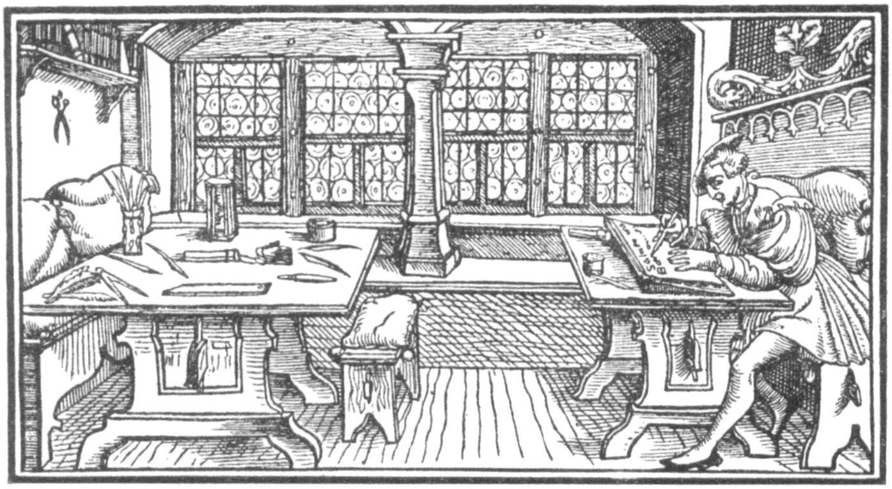

Fig. 833.

Nach den Kreuzzügen erstarkt das Bürgertum, die Städte werden zum Mittelpunkt der nationalen Kultur.

Das Handwerk, durch strenge Zunftgesetze in straffer Disziplin gehalten, steht auf einer hohen künstlerischen Stufe. Was aus ihm hervorging, zeigte die größte Gediegenheit in der Ausführung und ein persönliches, liebevolles Interesse im Gestalten auch des kleinsten Gegenstandes.

Wie weit die Kunst damals im besten Sinne eine volkstümliche war, zeigen die auf behaglichen Lebensgenuß eingerichteten bürgerlichen Wohnräume (Fig. 833, 834).

Bestimmend für die deutschen Schreinerarbeiten wurden gleichzeitig die aus dem maurisch beeinflußten Italien (Venedig) übernommenen Intarsienarbeiten (Fig. 832), die Zusammenstellung verschiedenfarbiger Hölzer zu geometrischen Mustern (Peter Flötner).

Der spätere gotische Stil strebt nach architektonisch-plastischen Effekten. Das Ornament zeigt im Gegensatz zur Frühgotik (Fig. 827) häufig heraldische, der Ledertechnik entlehnte Formen (Fig. 835). Die

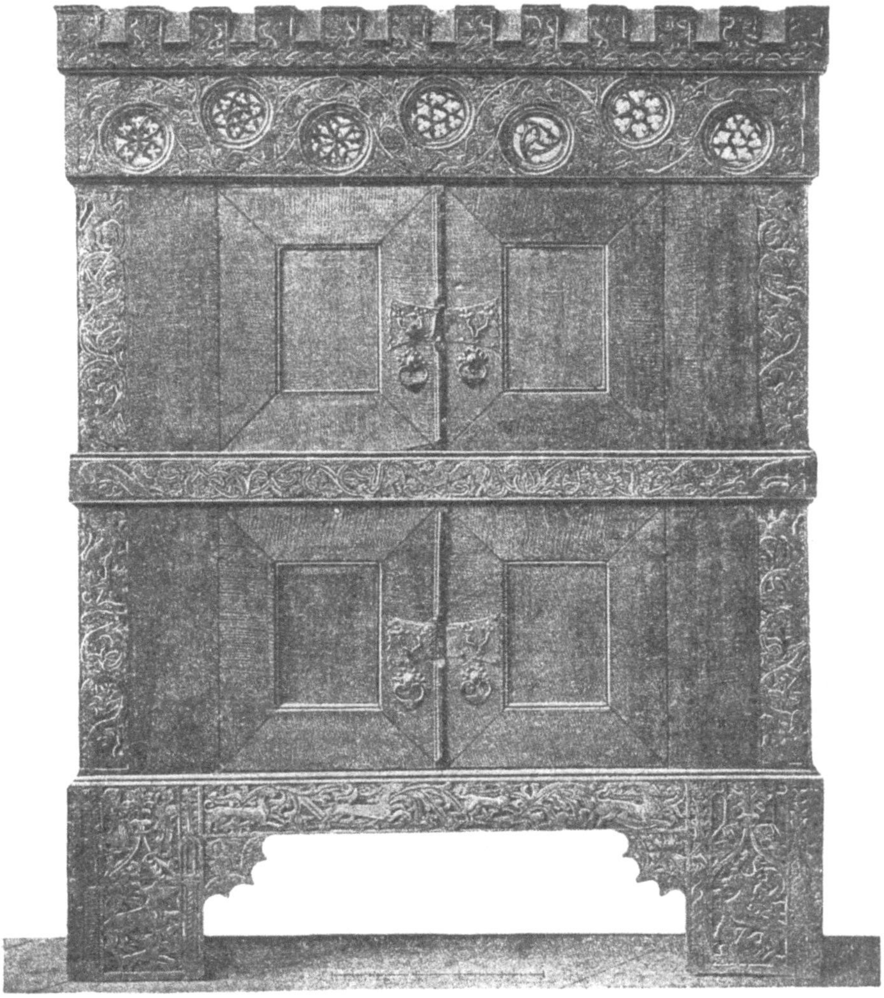

Fig. 834.

Spitzbogenarchitektur des ganzen Fenstermaßwerks wird in den Innenraum der bürgerlichen Wohnung, auf Mobilien und Kleingeräte übertragen. Doch trat wenigstens in Deutschland im Gegensatz zu

Frankreich (Flamboyantstil) und England (Perpendikularstil) diesem Überwuchern eine frohe Künstlerlaune entgegen. Die dem Handwerk in Fleisch und Blut übergegangenen Formen verbürgten in Deutschland ein Ausleben des gotischen Stils, und als das antike Element der Renaissance aus Italien hinzukam, war er stark genug, auch den neuen Formen ein nationales Gepräge zu geben.

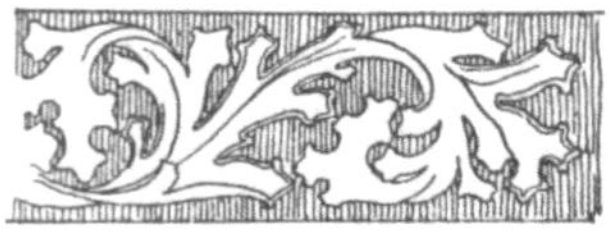

Fig. 835.

## Renaissance.

Mit dem Zusammenbruch der mittelalterlichen Anschauungen (Reformation, Humanismus) trat ein Wechsel in der Kunstentwicklung ein.

Von Italien, wo der Einfluß antiker Überlieferungen immer noch nachhaltig genug war, ging er aus. Nachdem hier die Zeit der Frührenaissance noch einmal Architektur, Plastik und Malerei zu einem harmonischen Zusammenwirken vereinigt hatte, wurde der weitere Einfluß der wiedererstandenen Antike (Renaissance) vernichtend für die Weiterentwicklung der gotischen Architektur.

Auch ein anderer Umstand, die gesellschaftliche Abspaltung des in den klassischen Sprachen Erfahrenen, trug dazu bei, den Zusammenhang der Kunst mit dem Volke zu lockern. Sie wurde nach und nach gebunden an den reichen und gebildeten Kunstmäcen.

Während Malerei und Bildhauerei von der Architektur sich trennen und als selbständige Künste zur höchsten Blüte gelangen (Tafelmalerei, Altarbilder, Nürnberger, Kölner Schule usw.), wurde der gotischen Architektur ein plötzliches Ende gemacht.

Für das Handwerk und die Kleinkunst (hohe Blüte der Goldschmiedekunst) blieb die Einwirkung der Antike lange Zeit hindurch noch nicht so eingreifend, weil die Entwicklung nur langsam vor sich ging und weil der disziplinierte Zunftgeist ein Gegengewicht bildete. (Ausschmückung der Rathäuser in reichen Handels- und freien Städten: Nürnberg, Augsburg, Ulm, Lübeck, Lüneburg.) Auch hielt die Mitarbeit der großen Meister und ihrer Schulen (Dürer-Holbein), die sich selbst im Handwerk betätigten, ihre Pflege des Holzschnittes und Kupferstichs die Kunst lange Zeit in volkstümlichen Bahnen.

Die Renaissance ist der Abglanz der antiken Originalkunst. Der allgemeine Charakter ihrer einzelnen Perioden wird hauptsächlich bedingt durch das Verhältnis der ornamentalen, rein dekorativen Schmuckformen zum Konstruktiven.

In der Frührenaissance (Fig. 836) herrscht die Architektur vor, ihr ordnet sich das Ornament als organischer Bestandteil in Flachrelief oder als Flächenschmuck in maßvoller Weise unter.

Die Hochrenaissance (Fig. 837) baut die architektonischen Formen plastischer, so daß weitere Schmuckformen überflüssig werden. (Einfluß der kraftstrotzenden Plastik eines Michelangelo.)

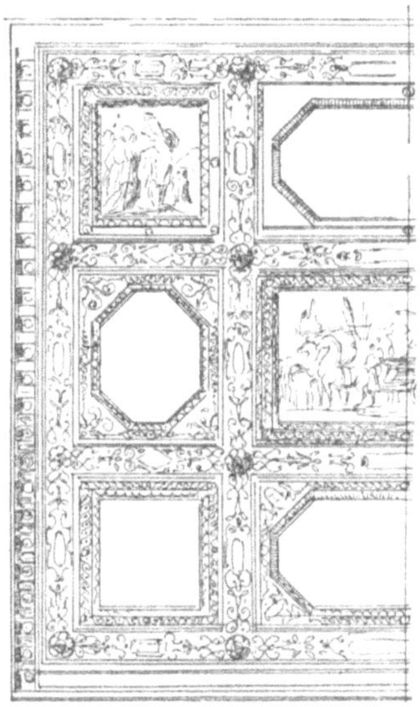

Fig. 836.

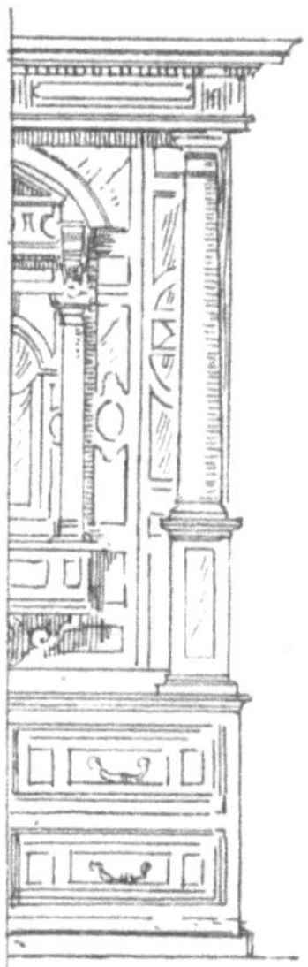

Fig. 837.

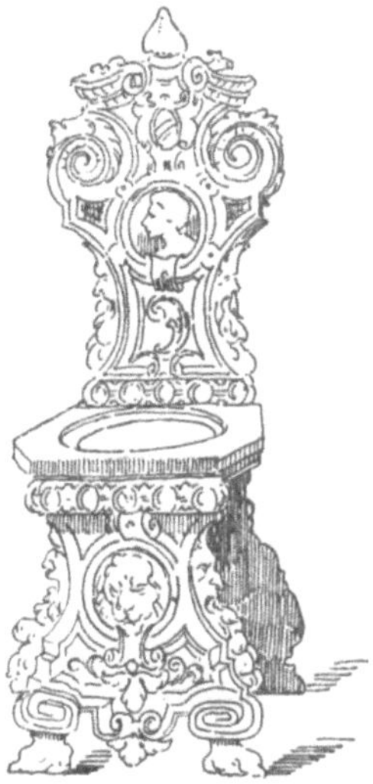

Fig. 838.

Die Spätrenaissance (Fig. 838) strebt wiederum nach reicherer ornamentaler Ausgestaltung und läßt sowohl die konstruktiven wie die ornamentalen Formen plastischer, üppiger erscheinen.

Der Barockstil 1600—1700, durch die weitgreifende Prunksucht der Fürsten und wohlhabenden Bürger großgezogen, wandelt die konstruktiven Formen selber zum üppigen Ornament um, zeigt aber im allgemeinen immer noch symmetrische Bildungen (Fig. 839).

Im Rokoko 1700—1780 lösen sich die konstruktiven Formen auf, nach allen Seiten unsymmetrisch, als ein eigenartiges Ornament (Fig. 840). Nach dem Dreißigjährigen Krieg (gänzliche Verarmung) verlor die Kunst in Deutschland zunächst ihren volkstümlichen Charakter und wurde die Dienerin der Fürsten und des Jesuitenordens.

Die Vereinigung von Architektur, Plastik und Deckenmalerei erzielten in italienischem Barockstil durch perspektivische Kunstgriffe die weiteste Großräumigkeit und die Einbildung unendlicher Höhen in der Ausschmückung des Kirchenraumes (Fig. 841, Tiepolo).

Für die profane Kunst wurde die ausgebildete französische Hochrenaissance (im Louvre und Schloß Fontainebleau) maßgebend (Fig. 727). — Französische Kupferstecher, zugleich Hofarchitekten und

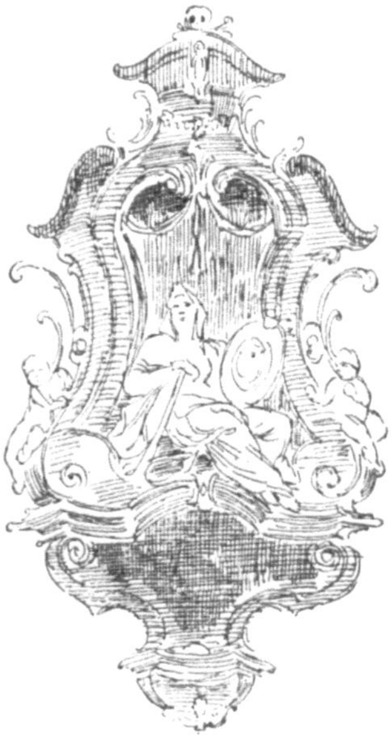

Fig. 839.

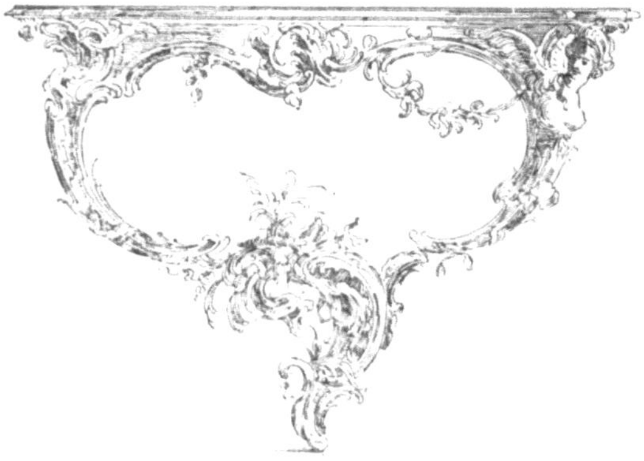

Fig. 840.

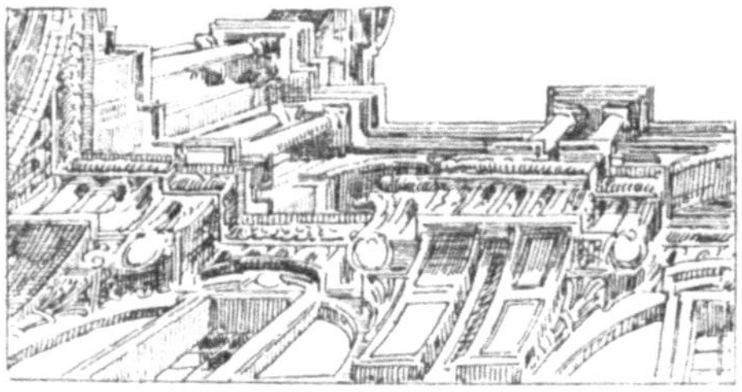

Fig. 841.

Dekorateure am Hofe Ludwigs XIV., gaben für den Barockstil den Ton an (Berain, vorwiegend Ornamentiker, Fig. 842).

Alles vereinigte sich mit dem Kostüm der damaligen Zeit, der Allongeperücke, dem Reifrock und der hohen Frisur, zu einem charakteristischen Gesamtbild höfischer Grandezza.

Für den weiteren Verlauf des Barockstils wurde der sächsische Hof unter August dem Starken bedeutsam. (Dresdener Zwinger. Grünes Gewölbe.) Dem persönlichen Interesse dieses Fürsten an der „Alchimie" ist es zuzuschreiben, daß Böttger das chinesische „Por-

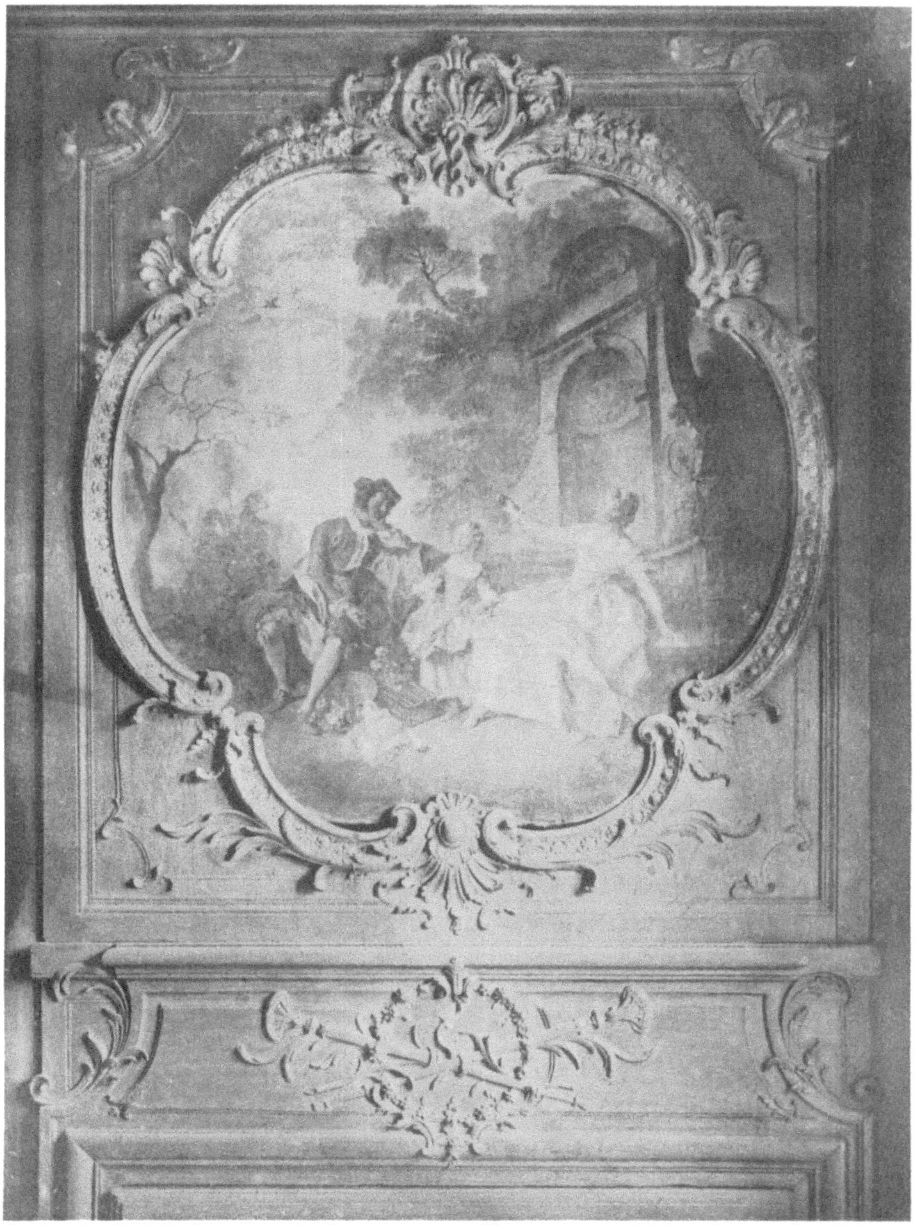

Fontainebleau: Panneau Chêne Louis XV.

zellan" nacherfand. Das Meißner Porzellan übte alsbald einen großen Einfluß auf die Weiterentwicklung der Dekorationsweise, und zwar 1. auf die nun folgende zarte Farbengebung (Vorliebe für Weiß und Blau), 2. auf die Formen. Da am Porzellan nichts zu „bauen" war, lösen sich die struktiven Formen auf in flüssige, weiche Detailformen. Die gleichzeitige Vorliebe für die „Stukkotechnik", mittels der die weiche Gipsmasse mit der Hand modelliert und angetragen wurde, machte dem gezierten französischen Hofstil ein Ende (vgl. Tafel XXXXI).

## Rokoko.

Die Renaissance hatte so im Verlauf ihrer Entwicklung geschwankt zwischen dem Einfluß der antiken Formenwelt und einer selbständigen Entfaltung. In dem nun folgenden Rokokostil entfernt sie sich schließlich am weitesten von dem antiken Einfluß, so daß wir hier einem dritten eigenartigen Stil begegnen, dessen Hauptcharakter man mit „liebenswürdig" bezeichnen kann.

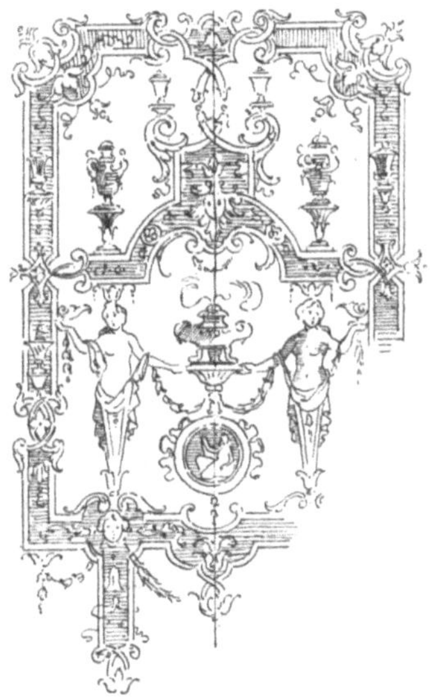

Fig. 842.

Der Rokokostil ist ganz besonders ein Ornamentstil. Das struktive Rahmenwerk wird lebendig, löst sich auf in flüssige, der strengen Regelmäßigkeit widerstrebende Elemente (Fig. 840).

Man wollte das Säulen- und Pilasterwerk, die schweren Bekrönungen, den architektonischen Fassadenschmuck aus den Zimmern verbannen und bevorzugte nun mit Vorliebe Naturmotive. Während die Fassadenarchitektur verhältnismäßig einfach blieb und besonders am bürgerlichen Wohnhause maßvolle vornehme Barockformen zeigte, treiben die neuen Formen in den Innenräumen ihr neckisches Spiel, den ganzen Charakter der „leichtlebigen" Zeit veranschaulichend.

Unübertrefflich ist der damalige Geschmack in der Massenverteilung und der Wirkung durch Gegensätze: die Unterbrechung bewegter Formen durch feine, einfache Linien und ruhige Flächen, die Verteilung zierlicher naturalistischer Formen zwischen kräftigen Massen. Dadurch und durch den Gegensatz der kräftigeren Farben an Plafondgemälden und Supraporten zu der übrigen hellen, glitzernden und prickelnden Farben- und Formenwelt wurde ein hoher dekorativer und zugleich pikanter Reiz erreicht (Tafel XXXXI. — Watteau, Boucher).

Betrachtet man die Kunst des 18. Jahrhunderts auf ihre Einheitlichkeit und Volkstümlichkeit, so erscheint sie — von der Tabaksdose bis zum fürstlichen Prunkmöbel — als ein charakteristisches, einheitliches Kulturbild.

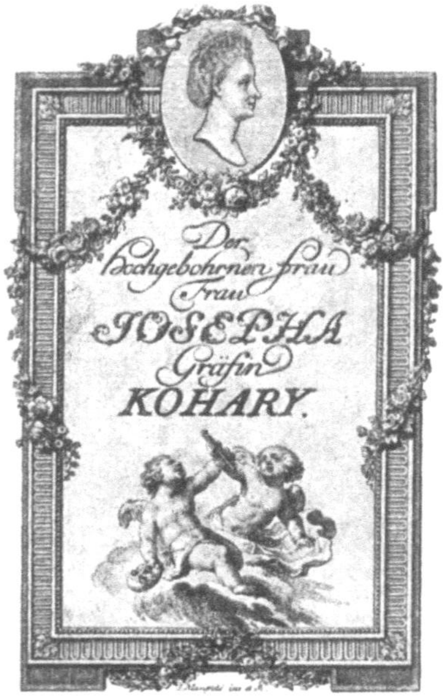

Fig. 843.

Sicherheit im Können und Feingefühl der Formen waren beim einfachsten Handwerker durch die Überlieferung so sehr zu einem persönlichen Eigentum geworden, daß wir die einfachsten Leistungen (die einfachste Architektur des bürgerlichen Wohnhauses) aus dieser Zeit heute als eine künstlerische Tat empfinden müssen.

## Das 19. Jahrhundert.

Ende des 18. Jahrhunderts tauchte als Gegenströmung gegen den leichtlebigen Zeitgeist des Rokoko eine neue Strömung auf, die in Verbindung mit politischen Umgestaltungen das ganze 19. Jahrhundert beeinflußt hat. Abermals war es die Sehnsucht nach antiker Einfachheit und Reinheit.

Die Entdeckung von Herculanum und Pompeji, das Auftreten eines Lessing, Klopstock, Winckelmann in Deutschland führen zum antikisierenden Zopfstil. — Charakteristisch für den sentimentalen „Ruinenkultus" sind die abgebrochenen Säulen, hängenden Girlanden, Opferaltäre, Urnen, Trauerweiden usw. (vgl. Fig. 843).

In Frankreich führte das Kunstinteresse Ludwigs XVI. noch einmal zu einer lieblich-ernsten Formenwelt. Die zierlichen Arabesken in Verbindung mit durchaus naturalistischen Blumengewinden (Lyra, Füllhorn, sich schnäbelnde Tauben, Vasen usw.) kennzeichnen sie als eigentlichen „Blumenstil" (Fig. 844).

Und weiter in den Bahnen einer streng nationalen Architektur-überlieferung entwickelt sich die antike Strömung unter der Herrschaft Napoleons I. zum Empirestil (Gedankenverbindung mit dem römischen Cäsarentum).

In Deutschland blieb das Handwerk eine Zeitlang noch dank seiner sicheren Überlieferung vor einer schädlichen Beeinflussung der

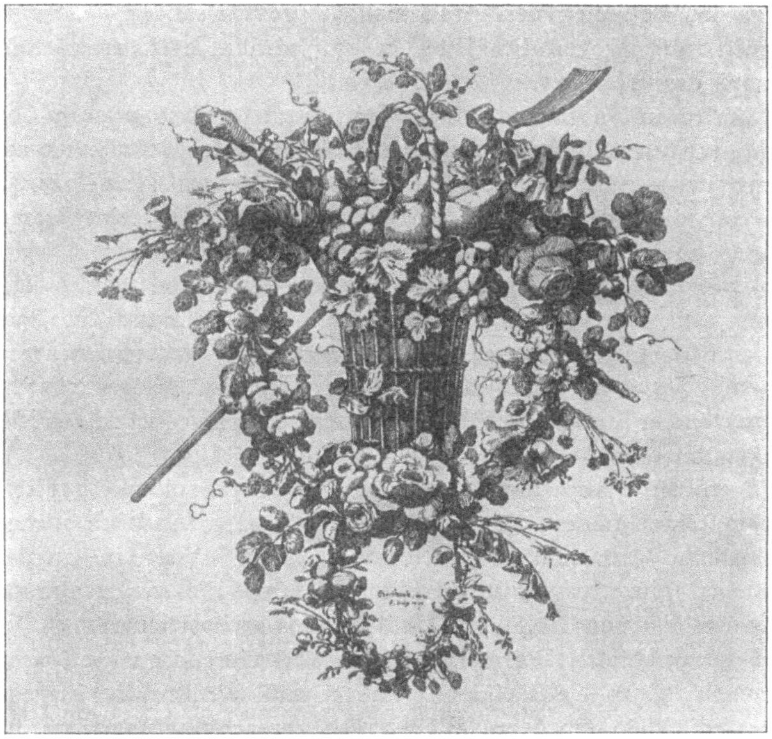

Fig. 844.

neuen Antike, die zunächst bei der Architektur eingesetzt hatte, bewahrt.

Der in der Zeit der Biedermänner entstandene Hausrat erweckt in uns heute ein hohes künstlerisches Interesse (vgl. Fig. 746).

Allmählich aber machte das immer größere Streben nach reiner Antike (das Hervortreten von Kunstgelehrten) seinen unheilvollen Einfluß geltend.

Das Handwerk wußte mit den griechischen Tempelformen, je strenger sie gefordert wurden, am Hausrat und am Kleingerät schließlich nichts mehr anzufangen.

Die Französische Revolution, das Ausscheiden des kunstsinnigen Adels als des vornehmsten Pflegers künstlerischer Kultur und das Hervortreten eines auf politische Interessen einseitig gerichteten bürgerlichen Elements; ferner die nach den Befreiungskriegen eintretende Verarmung, das Beginnen der Maschine als produzierender Faktor, alles zusammen führte gegen die Mitte des 19. Jahrhunderts den gänzlichen Untergang des Handwerks herbei.

Zwar haben im Laufe des 19. Jahrhunderts eine gotische Gegenströmung (romantische Bewegung) und im Kampf mit ihr die antike Richtung sich bemüht, dem einen oder andern Element zum Siege zu verhelfen. Aber die aus der Zeit stammenden Versuche ließen keine Besserung und lassen auch heute kein warmes Interesse aufkommen.

So war denn das Handwerk so wenig mehr im Besitz eines eigenen Könnens und einer festen Überlieferung, das Verständnis für Formen selbst beim Gebildeten so weit verloren gegangen, daß die mit dem politischen und wirtschaftlichen Aufschwung nach dem Kriege 1870 plötzlich eintretenden kunstgewerblichen Aufträge einem vollständigen Manko gegenüberstanden.

Die großen Bauspekulationen, das Protzentum plötzlich reich gewordener Volksschichten, die nach einem nationalen Ausdruck suchende, aber gänzliche Verständnislosigkeit des Gebildeten führten in den siebzig bis achtziger Jahren zu der unheilvollen Stiljagd, die von der deutschen Renaissance bis zum Rokoko alle Stilarten durchpeitschte.

Die ornamentalen Formen, meistens den fürstlichen Prunkformen entnommen, ganz oberflächlich studiert und fabrikmäßig hergestellt, dienten schließlich nur dazu, an der Mietskaserne in überreicher Fülle angewendet, eine technisch wie künstlerisch minderwertige Leistung zu verdecken. Das Auswendiglernen schnörkelhafter Formen an den Bau- und Fachschulen und eine reine technische Fertigkeit des kunstgewerblichen Zeichners ermöglichten die unheilvolle Betätigung ganz unbefähigter Kräfte.

Gegen dieses Chaos richtete sich Ende der achtziger Jahre auf allen Gebieten der Kultur eine gewaltige Gegenströmung. Der Widerwille gegen die Abgedroschenheit der ausgebeuteten und doch nie erreichten Renaissanceformen, die Sehnsucht nach eigenen Formen erzeugten gleichsam eine Verachtung aller bisherigen Autoritäten. Man stürzte sich förmlich auf die Natur, um einen neuen, eigenen Stil zu finden, und so entstand — dank der mit der allgemeinen Verständnislosigkeit Hand in Hand gehenden Spekulation der Fabrikanten — als Allermodernstes der sogenannte Jugendstil (vgl. Fig. 865).

Erst das Ringen wirklicher Künstler mit der Wiedergabe der Natur und die klare Einsicht kunstverständiger Laien haben auf das japanische und englische Beispiel hingewiesen.

England war infolge seiner abgeschlossenen Lage von dem Stilwirrwarr verschont geblieben. In dem bürgerlichen englischen Landhause hat sich eine germanische (gotische) Tradition bis heute erhalten (Fig. 874), und die Freude am eigenen Haus (Einzelhaus als eigener Besitz) pflegt das Hochhalten einer technischen Gediegenheit.

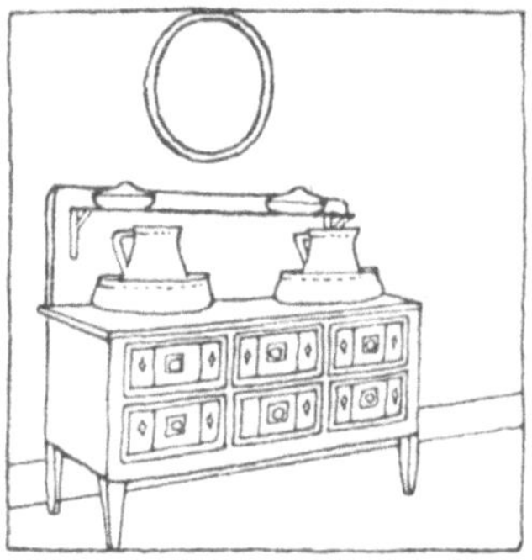
Fig. 845.

Im Anknüpfen an diese Beobachtung (NB. nicht in einem abermaligen Nachahmen!) liegt der Grund für das Zurückgehen auch bei uns zunächst auf technische Gediegenheit, Einfachheit der Formen und Maßhalten in der Anwendung ornamentalen Schmuckwerks.

Auf unsere bürgerlichen Verhältnisse eingehend, ist an die in den fünfziger Jahren verloren gegangene handwerkliche Tradition wieder angeknüpft worden (Fig. 746, 845).

Man sollte sich jetzt aber nicht damit begnügen, nur über Kunst zu reden, sondern die Sache lieber durch die Tat zu fördern suchen.

Das biedere einfache Handwerk, vorläufig erst von vereinzelten Künstlern ausgeführt, gebraucht noch lange Zeit; ein wirkliches Können (nicht eine technische Fertigkeit!) muß erst wieder mühselig erworben, ein natürlicher Geschmack muß erst langsam wieder erzogen werden, ehe von einem eigenen Stil, als dem künstlerischen Ausdruck unserer Zeit, als einem Allgemeingut wie zur Zeit unserer Vorfahren, die Rede sein kann.

# II. Aufbau und Anwendung der Kunstformen.

## 1. Der materielle und ästhetische Zweck.

Der Aufbau und die Anwendung der Formen wird in erster Linie bedingt durch den praktischen Zweck eines Gegenstandes. Ein Gebrauchsgegenstand, Mobiliar, Gefäß oder Gerät, kann erst dann auf eine sachliche Würdigung rechnen, wenn seine Formen vor allen Dingen praktisch sind und einer richtigen Handhabung nicht widerstreben. Eine weitere Voraussetzung, die hiermit im engen Zusammenhange steht, ist die Gediegenheit (Qualität) seines Materials und seiner technischen Herstellung.

Gegenstände, die diesen Forderungen in hohem Grade genügen, können auch ohne dekorative Schmuckformen den Anspruch künstlerischer Vollkommenheit machen. Beachte dieses an dem für den praktischen Zweck solide gebauten Hausrat älterer Zeit, den modernen konstruktiven Brücken- und Eisenbauten, den auf sanitäre und moderne Lebensbedingungen Rücksicht nehmenden modernen Bauten des Verkehrs und des privaten Gebrauchs (vgl. Fig. 845).

An die auf reine Bequemlichkeit, nicht auf sogenannte Formenschönheit modern hergestellten Gebrauchsmöbel (ledergepolsterte Sessel usw.) wird man sich erst gewöhnen müssen, ehe auch diese Erscheinungen sich unserm Begriff von formenschön eingereiht haben.

Die in der Kunstgeschichte und den Museumssammlungen durchschnittlich am meisten berücksichtigten stilvollen Schöpfungen sind fast ausschließlich Prunkgegenstände (als solche am meisten geschont, daher auch am längsten erhalten), weniger Formen des täglichen praktischen Gebrauchs.

Fig. 846 zeigt einen für den bequemen Gebrauch angefertigten Bauernstuhl (vgl. auch Fig. 728) und als Gegenbeispiel in Fig. 847 einen Prunkstuhl.

Die den praktischen Zweck nach jeder Hinsicht berücksichtigende Grundform muß daher zunächst genügend erwogen und festgestellt werden. Die ornamentale Ausbildung kommt erst in zweiter Linie.

Hiergegen wird im täglichen Leben unendlich viel gesündigt: In der Architektur an Bauten, einer prunkvollen oder stilvollen Fassade zuliebe mit unpraktischen Räumlichkeiten, in verkehrter Himmelsrichtung oder zu tief auf den Fußboden angeordneten Fenstern usw. und aus dem Bereich der Kunstindustrie an dem stofflich oder mit Schmuck überladenen, aber unzweckmäßigen Mobiliar (Stühle mit konkaven statt konvexen Lehnen; Lampen mit unhandlichen Formen und Füßen, die beim Hinstellen festhaken oder verschrammen, oder Gefäße, die man nicht anfassen kann, weil sie gerade an der Berührungsstelle mit plastischen Ornamenten verziert sind usw.).

Die Zahl aber der von Dilettanten zur „Verschönerung" hergestellten zweckwidrigen Gebrauchsgegenstände ist Legion: Stickereien und Geschenkgegenstände, die außer einem bewunderungswürdigen Fleiß ganz selten ein sachliches Verständnis erkennen lassen.

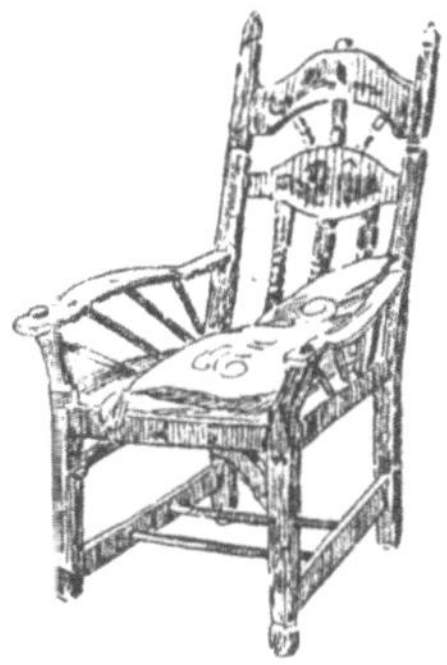

Fig. 846.

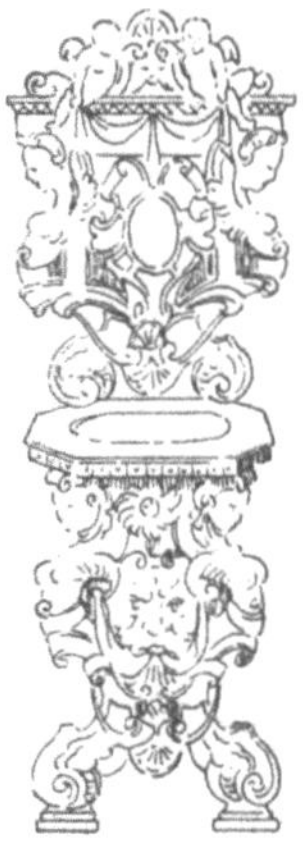

Fig. 847.

Ebenso herrscht gegen die Gediegenheit des Materials und die solide technische Herstellungsweise eine große Gleichgültigkeit. Man duldet in unglaublicher Weise immer noch billige Nachahmungen (man denke allein an die mannigfaltigen auf Täuschung berechneten Herstellungsarten des Papiers als Leder-, Stoff-, Holz-, Stuckimitation), deren Besitz doch eine wirkliche Freude nie aufkommen lassen kann.

Im engen Zusammenhang mit dem materiellen Gebrauchszweck steht der ästhetische Zweck der Formen. Die Wand eines Zimmers z. B. hat nicht allein den materiellen Zweck, Räumlichkeiten abzutrennen oder zu schließen, sie stellt auch die ästhetische Forderung, als passender Hintergrund zu dienen für das Mobiliar, die schmückenden Bilder, die an ihr erscheinenden Personen; das bedingt den ruhigen Charakter ihrer ornamentalen Formen- und Farbengebung (vgl. Fig. 880 und Tafel XXXIX).

Eine verschiedene Aufgabe z. B. hat auch die Schrift: Ihre allgemeine, ganz materielle ist die, uns durch ihre Zeichen Mitteilung zu machen (Zeitung). Schon diese kann in jedem einzelnen Fall besonders zu berücksichtigen sein (beachte die Wahl der lateinischen, klar lesbaren Satzschrift unseres Buches). Eine Firmen-, eine Plakatschrift verlangt für ihre Leserlichkeit aus großer Entfernung ganz besonders klare und einfache Formen (einfache Blockschrift, Tafel XXXX).

Eine rein ästhetische Aufgabe, weil sie nicht leserlich zu sein braucht auf den ersten Blick, erfüllt sie in der ornamentalen Anordnung an einem Siegel (Fig. 848). Dem poetischen Charakter eines Gedichts tragen die intimeren Formen der Empireschrift Rechnung (Fig. 758), ebenso die gotische Schrift (Fig. 874). NB.! So berechtigt es ist, bei Anwendung der Schrift eine möglichst ornamentale Anordnung anzustreben, so darf es doch nicht so weit gehen, daß man sich dabei über die erste Bedingung, leserlich zu sein, durch ganz unkluge ornamentale Ausgestaltungen oder Zerreißen von Silben hinwegsetzt. (Siehe die Auswüchse des Jugendstils und des Wiener Sezessionsstils.) Einen materiellen und ästhetischen Zweck erfüllen auch: die knappen eindringlichen Formen einer Fabrikmarke (Fig. 849), die klare ornamentale Anordnung der Schrift am Bucheinband des Studio (Fig. 850). Achte besonders auf das klare Hervortreten der Bandbezeichnung volume six.

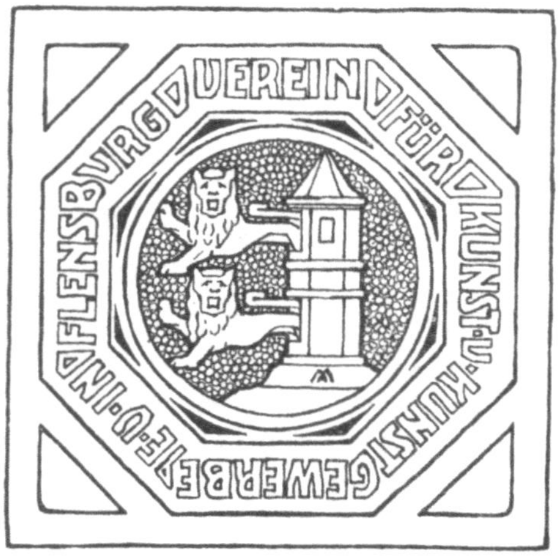


Fig. 848.

Auch die technische Bearbeitung und das Material sind aus zwecklichen und ästhetischen Gründen zu berücksichtigen. Größere Entfernung bedingt auch größere Vereinfachung der technischen Herstellungsweise und auch von weitem stofflich wirkendes Material (monumentales Standbild); größere Nähe erfordert feinere Details in der Ausführung und einen auch für intimere Betrachtung Reiz gewährenden Materialcharakter (Juwelierarbeiten, wertvolles Buch, Fig. 874).

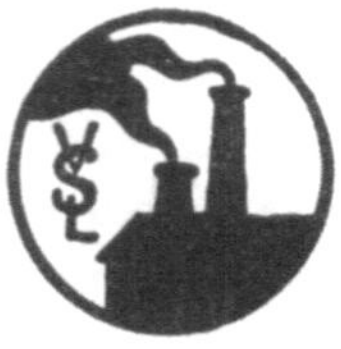

Fig. 849.

## 2. Der technische Aufbau.

Bestimmt der materielle und ästhetische Zweck den Grundgedanken und die Art der Formen in großen Zügen, so bezieht sich der technische Aufbau auf die einzelne Gestaltung.

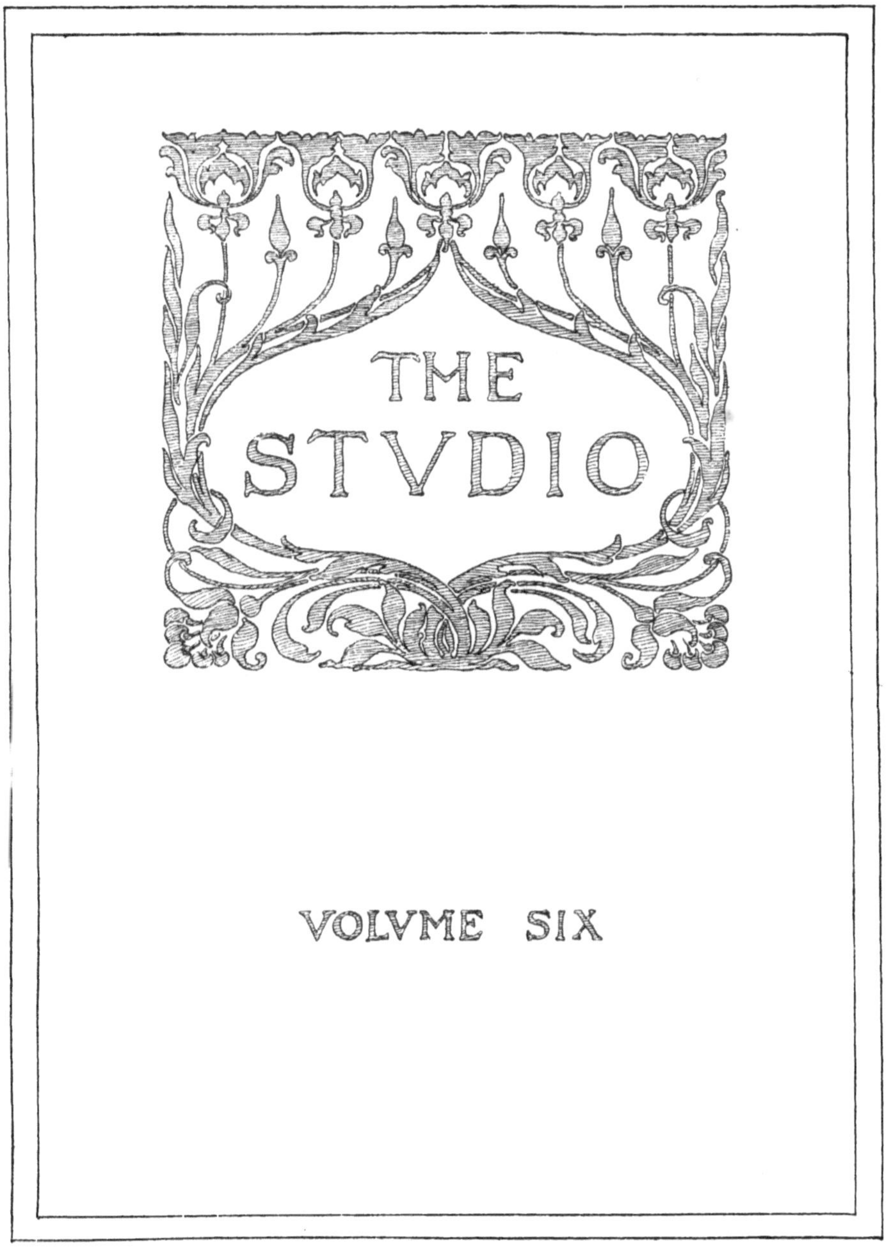


Fig. 850.

Wie die raumbildenden Formen in bezug auf Proportionalität struktiv wahrscheinlich aufgebaut werden, ist aus dem Abschnitt „struktive Form" ersichtlich. Das Folgende geht zur Hauptsache auf die konstruktive Behandlung der einzelnen Flächenteile.

Das Grundelement jeder selbständigen Form ist ihre Konstruktion, ihre Anlage zu einem abgeschlossenen Ganzen. Jeder Gebrauchsgegenstand besteht aus einzelnen Bestandteilen, die sehr häufig selbständige Teile unter sich bilden und als solche auch bei ornamentaler Behandlung zu berücksichtigen sind.

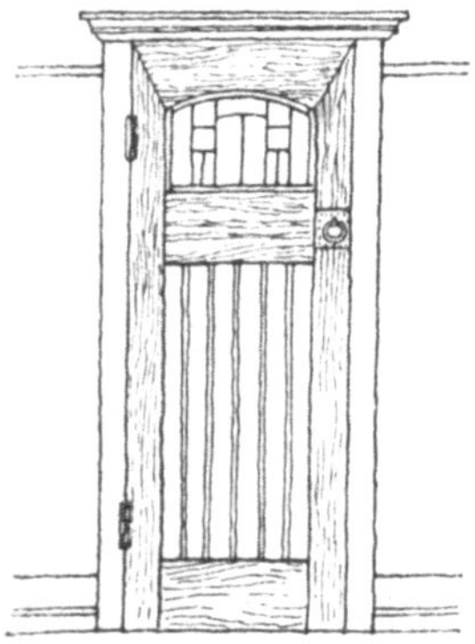
Fig. 851.

Wichtig ist daher, festzustellen, welche Formenteile als selbständige zu behandeln sind.

Bei den Gebrauchsgegenständen sind die Teile, die eine besondere Funktion ausüben, als selbständige zu betrachten. Eine Tür z. B. besteht aus der eigentlichen Tür und dem Rahmen, in dem sie sich öffnet (Fig. 851). Eine Kassette besteht aus dem eigentlichen Kasten und dem Deckel usw. Die in ihrer gesonderten Funktion liegende Selbständigkeit dieser Bestandteile wird klar, wenn wir sie einzeln auseinandernehmen oder sie öffnen. Die Öffnung bildet dann ihre wirkliche Trennung.

Im analogen Sinne selbständig funktionierende Einzelteile gibt es bei der konstruktiven Teilung der Fläche.

## A. Der Rahmen.

Eine Fläche wird als Ganzes, Selbständiges, durch eine deutliche Abgrenzung (umrahmende Linie) kenntlich gemacht (Fig. 852a).

Verbreitert sich die säumende Linie, dann entstehen zwei selbständige Teile: der Fond und die Borde oder Füllung und Rahmen (Fig. 852bc).

Wichtig für die Erscheinung der Fläche ist dabei ihre gleichmäßige Einfassung. Figur 852d bildet keine selbständige Fläche, sondern eine abgeschnittene Teilfläche.

Je kräftiger die Trennung zwischen Füllung und Rahmen, um so deutlicher tritt sowohl das Ganze als etwas Abgeschlossenes, Selbstän-

Kolibri 360 GmbH
Ferdinand-Jühlke-Straße 7
99095 Erfurt, Deutschland
produktsicherheit@kolibri360.de